目录 CONTENTS

2008.3

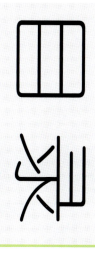

正德厚生 臻于至善

《中国移动》月刊

2008 年第 3 期（总第 132 期）

内部资料 注意保存

中国移动通信
CHINA MOBILE

Beijing 2008
北京2008年奥运会合作伙伴
Partner of the Beijing 2008 Olympic Games

中国移动 月刊

CHINA MOBILE MONTHLY

- 中国移动有限公司公布二零零七年业绩
- 我公司全国人大代表和全国政协委员积极向"两会"递交议案和提案
- 海外新闻媒体和资本市场对中国移动2007年全年业绩反映良好

蒙古民族文物图典

《蒙古民族文物图典》

策　　划：刘兆和

主　　编：刘兆和

副 主 编：王大方

　　　　　邵清隆

蒙古民族饮食文化

冯雪琴　阿拉坦宝力格　编著

文物出版社

主编助理：张 彤
绘图指导：贾一凡

摄影：

孔 群　额 博　护 和　徐毅珊　哈斯巴更　庞 雷　苏婷玲　铁 达
丁 勇　张 彤　冯雪琴　陈丽琴　斯 琴　　阿拉坦宝力格

绘图：

纪 烁　陈丽琴　陈拴平　陈广志　陈晓琴　武 鱼　阎 萍　王利利
徐亭明　刘利军　钟利国　包灵利　田金芳　杨 慧　高 娜　张利芳
袁丽敏　任波文　苏雪峰　张世喻　田海军　郝水菊　范福东　郭 宝
郭金威　王喜青　娜日丽嘎　　　王明月　史瑾莎　李 瑞　郝振男

责任印制　张道奇

责任编辑　王 扬

图书在版编目（CIP）数据

蒙古民族饮食文化 / 冯雪琴 阿拉坦宝力格编著. —北京：文物出版社，2008.4
（蒙古民族文物图典）
ISBN 978-7-5010-2199-4

Ⅰ.蒙… Ⅱ.冯… 阿… Ⅲ.蒙古族-饮食-文化-图集
Ⅳ.TS971-64
中国版本图书馆 CIP 数据核字（2007）第 205862 号

蒙古民族饮食文化

冯雪琴　阿拉坦宝力格 编著
文物出版社出版发行
（北京市东直门内北小街 2 号楼）
http://www.wenwu.com
E-mail:web@wenwu.com
北京文博利奥印刷有限公司制版
文物出版社印刷厂印刷
新华书店经销
889×1194　1/16　印张：19.5
2008 年 4 月第 1 版　2008 年 4 月第 1 次印刷
ISBN 978-7-5010-2199-4　定价：220.00 元

序言

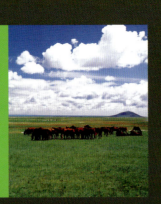

中国北方草原，雄浑辽阔。曾经在这里和目前仍在这里生活的草原游牧民族，剽悍、勇敢、智慧，对中华文化的发展，乃至对中华民族的形成和发展，作出了极其重要的贡献。在中国域内恐怕难以找到一块没有受到北方草原游牧民族影响过的地方。不仅如此，北方草原游牧民族，对世界历史发展的影响，也令人瞩目。这其中，影响最大的当属至今仍生息在这块草原上的蒙古民族。

蒙古民族从成吉思汗统一北方草原诸部落起，至今已有800多年历史，在继承古代草原游牧文化的基础上，以广阔的胸怀大量吸收欧亚诸民族文化，把草原游牧文化推向历史的辉煌顶峰，创造了适应于草原自然环境，深刻反映在政治、军事、生产、生活、娱乐等各领域中的独具特色的文化形态，即我们所珍视的草原游牧文化。草原游牧文化，是中华民族文化百花园中的奇葩，也是世界文化宝库中难得的珍宝。

毋庸讳言，随着现代工业及交通、通信和计算机网络等现代经济和科学技术的发展，草原游牧生产方式正在迅速消失，其传统的文化形态也正在被新的文化形态所代替，这是不可逆转的趋势。因此，草原游牧文化正在成为或部分已经成为文化遗产了。正因为如此，它的价值也更加凸显出来。

世界上每一个国家的民族文化，都是在其特定的自然环境和长期的生产生活中形成和发展起来的。每一个民族的文化，都是其民族的灵魂和血脉，是维系其民族存在的精神纽带，是其区别于其他民族并自立于世界民族之林

内蒙古自治区党委常委、宣传部长

的标志。所以，现在世界各个国家都在努力保护本国的民族文化。在我国北方草原游牧文化正在发生嬗变之时，这套《蒙古民族文物图典》的出版，无疑有着极高的价值。世界上蒙古族人口有900余万，600余万在中国。其中在内蒙古生活的蒙古族有400余万人。而到目前，对蒙古族的鞍马、服饰、毡庐、饮食、游乐、宗教等民族文物，比较系统地用测绘描图等科学方法研究记录并出版，在世界上尚属首次。这是对蒙古族文物的一项成功的抢救保护措施。这套图典中收录的民族文物，在蒙古族各部落的文物中具有典型性、标志性。它继承了我们优秀的民族文化，承载着愈来愈加珍贵的众多信息，在未来我们生产、生活和文化艺术活动中对蒙古族优秀传统文化的传承，可能会起着像"字典"、"辞典"一样的作用。

这套图典对蒙古民族文化的研究和保护，采用了一种新的视角和方法，对今后的研究工作可能会有引导和借鉴作用。所以，当策划开展此项研究时，我就是一位热心的支持者。认为这项研究及图典的编纂出版，对我国巩固民族团结和祖国统一，对我们未来的文化发展，都有着积极意义。《蒙古民族文物图典》的出版，充分体现了我们党和政府对保护民族文化遗产的高度重视，也反映了内蒙古自治区文物工作者对研究和保护民族文化遗产的奋斗精神。在图典出版之际，我谨向从事这项研究的同志们所取得的成果表示祝贺，也祝愿图典为祖国文化遗产的保护和传承发挥应有的作用。

目录

 蒙古民族的饮食礼仪·7

是百灵鸟就要唱出最美的歌调，
是文明人就要讲究礼貌；
没有羽毛，有多大的翅膀也不能飞翔，
没有礼貌，再好的容貌也被别人耻笑。

 蒙古民族的饮食种类·63

蒙古族的食品主要为肉食、奶食、粮食三大类。在13世纪成吉思汗能够"屯数十万之师不举烟火"，就是由于蒙古军队行军时并无辎重，全依赖悬挂在马鞍旁的一个盛装干肉和奶酪的皮囊。这种以肉奶为主，轻便简朴的饮食习惯至今仍保留着，也就是这红（肉食）、白（奶食）、黄（炒米）三色构筑了蒙古民族独特的传统饮食文化。

 蒙古民族的饮食疗法·117

蒙医药是蒙古族丰富文化遗产的一部分，也是祖国医学的重要组成部分。蒙医治病方法除药物治疗以外，还有传统的灸疗、针刺、正骨、冷热敷、马奶酒疗法、饮食疗法、正脑术、药浴、天然温泉疗法等。这当中，食疗是蒙古族传统饮食文化中极富民族特色的组成部分。

 **蒙古民族的饮食加工·149**

谈到蒙古族饮食加工，大多与乳制品加工有关。以游牧为生活方式的蒙古族在几千年的游牧生活中形成了诸多的奶制品加工方法。

蒙古民族饮食源流

[一] 孟珙：《蒙鞑备录》，王国维笺注本。
[二] 普兰迦宾：《蒙古史》中译本，中国社会科学出版社，1983。

蒙古民族的饮食文化有着悠久的历史，是蒙古民族文化的重要组成部分，更是中华民族古老文化的一部分。

古代蒙古民族生活在茫茫的草原上，逐水草而徙，不事农耕，主要以狩猎为食。从事畜牧业生产后，则以牲畜的肉和奶为主要食物，并辅以猎获物。蒙古人将牲畜肉或煮，或烤，或风干食用。随着蒙古帝国的建立，蒙古民族在更为广阔的地域活动，在同多种文化和民族的交往过程中，其饮食结构也随之发生了巨大的变化。《蒙鞑备录》中载："鞑人近来掠中国人为之奴婢，……掠米麦，而于扎寨亦煮粥而食。彼国亦有一二处出黑黍米，彼亦煮为解粥。"[一] 普兰迦宾也写道："他们还用水煮小米饭，但由于煮得稀薄，只能喝而不能吃。"[二] 十余年后，鲁布鲁乞见到蒙古民族能够用大米、小米、小麦和蜂蜜酿成一种味道极好的饮料，清澈如葡萄酒。蒙古民族还食用炒米、奶油或酸奶煮面糊以及粗糙的面包。到了元代，蒙古人的饮食结构发生了巨大的变化，饮食文化具有了丰富的内容。

一、独具特色的传统饮食结构

蒙古民族视绵羊为生活的保证和财富的源泉。每日三餐都离不开奶与肉。以奶为原料制成的食品，蒙语称"查干伊得"，意为圣洁、纯净的食品，即"白食"；以肉类为原料制成的食品，蒙古语称"乌兰伊得"，意为"红食"。蒙古民族除食用最常见的牛奶外，还食用羊奶、马奶、鹿奶和骆驼奶，其中少部分作为鲜奶饮用，大部分加工成奶制品。蒙古民族的奶制品种类繁多，味道鲜美，营养丰富，是蒙古民族食品中的上品，被称为"百食之长"，无论居家餐饮、宴宾待客，还是敬奉祖先神灵，都是不可缺少的。因地区不同，其品种和制作方法也不尽相同。主要有奶皮子、奶油、奶酪、奶豆腐等。

蒙古民族食用的肉类主要是牛肉、绵羊肉，其次为山羊肉、少量的马肉、驼肉，在狩猎季节也捕获少量的黄羊食用。羊肉常见的传统食用方法就有全羊宴、嫩皮整羊宴、烤羊、烤羊心、炒羊肚、羊脑烩菜等七十多种，最具特色的是蒙古民族烤全羊（剥皮烤）和炉烤带皮整羊。最常见的是手扒羊肉。"手扒肉"是蒙古民族传统的食肉方法之一，其做法是将鲜嫩的绵羊剥皮去内脏

[一]鲁不鲁乞：《东游记》中译本，中国社会科学出版社，1983年。

洗净，去头蹄，再将整羊切成若干大块，放入清水锅中白煮，待水滚肉熟即取出，置于大盘中上桌，大家各执蒙古刀大块大块地割下食用。斟酒敬客，吃手扒肉，是草原牧人表达对客人敬重和爱戴之情的传统方式。当你踏上草原，走进蒙古包后，热情好客的蒙古人便会将美酒斟在银碗或杯中，托在长长的哈达上，唱起动人的敬酒歌，款待远方的贵客。这时，客人应随即接过酒杯，能饮则饮，不能饮则应品尝少许，便可将酒杯归还主人。若是不喝酒，就会被认为是对主人不尊重，不愿以诚相待。主人的满腔热情，常常使客人产生难别之情，眷恋之感。

在日常饮食中与红食、白食占有同样重要位置的是蒙古民族特有的食品——炒米。西部地区的蒙古民族还有用炒米做"崩"的习俗。面粉制作的各种食品在蒙古民族日常饮食中也日渐增多，最常见的是面条和烙饼，并擅长用面粉加馅制成别具特色的包子、馅饼以及糕点等。

蒙古民族每天离不开茶，除饮红茶外，几乎都有饮奶茶的习惯，每天早上第一件事就是煮奶茶。煮奶茶最好用新取的净水，放入茶叶，慢火煮，再将鲜奶和盐兑入烧开即可饮用。蒙古民族的奶茶有时还要加黄油、奶皮子或炒米等，其味芳香、咸爽可口，是含有多种营养成分的滋补饮料。有人甚至认为，宁可三日不食，但不可一日无茶。

二、与草原生态环境密切相关的饮食方式

清代蒙古民族学者松筠在《绥服纪略》中写道："瀚海大漠积沙缺水之地，居人凿井而饮，赖天雨以生草畜牧，为之瀚海，蒙古语曰'戈壁'。"[一]树木稀少和半沙漠环境所特有的生态环境决定了游牧民族畜牧经济的类型以及与之相适应的饮食方式。以肉制品和奶制品为主要食物成为其饮食习惯的重要标志，居住在中亚一带的哈萨克族、柯尔克孜族等游牧民族都属于这一食品类型的民族。但是由于地域不同所带来的环境的差异，使得蒙古民族的饮食方式又与其他游牧民族略有差别。

蒙古民族的饮食有农业区域、半农半牧区域及牧业区域的差异。在牧区，饮食有夏季和冬季的区别。夏季从4月到10月，包括从母畜产仔到乳品加工结束及奶制品的冬贮。这一时期的食物

[一]《马可波罗游记》，中国文史出版社，2005年。

[二]内蒙古自治区社会科学院历史所：《蒙古族通史》，上册，民族出版社，1989。

主要是奶制品，肉吃得相对少些。主要原因是冬季需要吃肉增加脂肪，抵抗寒冷。经过几个月的积累后，到了夏季需要用奶制品进行消化和吸收，这样对健康十分有益。冬季是11月到来年的4月，这段时间主要食用宰杀和贮备的家畜肉，其特点是食物热量非常高。蒙古地区地处高寒带，特殊的地理环境和恶劣的气候特点决定了居住在这儿的人们必须以高脂肪、高热量的肉食和奶食为主，才能产生与朔风暴雪、狂沙飞尘抗争的力气和精神。

蒙古民族食物的突出特点是"红食"和"白食"，即肉食和奶食。《马可波罗游记》中就有"鞑靼人完全以肉食和乳品作食物，一切饮食来源都是他们狩猎的产物"[一]的记载。食用奶制品为主与食用谷类食品为主是游牧民族与农业民族饮食方式差异的基本特点。此外，在食品的制作方法上，农业民族的烹调技术较为繁复，有炒、爆、烹、炸、煎、贴、酿、烧、焖、煨、扒、烩、氽、炖等几十种做法。誉满世界的"中国菜"正是农耕民族饮食文化的精粹。而蒙古民族在食用牲畜肉类时以煮食为主，从现代科学观点看来，煮食较好地保留了人体所需的营养成分。

蒙古民族是尚饮的民族，奶茶、奶酒、酸奶等是其饮食结构极为重要的组成部分。大蒙古国时期宰相耶律楚材曾在《寄贾搏霄乞马乳》诗中云："天马西来酿玉浆，革囊清处酒微香。长沙莫吝西江水，文举休空北海觞。浅白痛思琼液冷，微甘酷爱蔗浆凉。茂陵要洒尘心渴，愿得朝朝赐我尝。"[二]在古代，蒙古人把马奶酒当作最高档的饮料敬献给皇帝或尊贵的客人。中国的茶叶远销欧亚，而茶与奶的结合——"奶茶"却成为蒙古民族的专利品。由于自然条件所限，游牧民族所需的维生素和矿物质不可能依靠蔬菜水果，他们以饮用大量的茶和乳酸饮料加以补充，从而形成一种独有的饮食文化习俗。在饮食器具上，农业民族多用筷子，而食用大块的肉和奶酪的游牧民族用得更多的是刀。如果说，筷子是对称均衡的象征，那么，刀则象征着单一和粗犷。游牧民族的饮食方式不仅造就了其强悍刚健的体魄，同时也是其粗犷、豪放的民族性格的体现。

三、兼具家庭、社会、宗教信仰等多种功能的饮食习俗

在家庭生活中，饮食习俗对维系家庭成员间的情感及促进家庭成员的协调合作起着重要作用。当顶着凛冽的风雪在外辛苦了一天的牧人掀开毡帐与家人围坐，捧起热腾腾的奶茶时，无论在生

[一] 鲁不鲁乞，《东游记》，中译本，中国社会科学出版社，1983 版
[二] 内蒙古社科院历史所，蒙古族通史，上册，民族出版社，1989 版。

理上还是心理上都会感受到极大的满足与温馨。而节庆婚嫁的饮食习俗则又维系了人与人之间的社会交往，成为联络情感、增进友谊的纽带。同时，游牧民族的饮食习俗还与其宗教信仰息息相关。蒙古民族无论是在祭敖包还是祭祀祖先时都要宰杀牲畜作为祭品。鲁不鲁乞的《东游记》载："在一个最近死去的人的墓上，他们在若干高杆上悬挂着十六匹马的皮，朝向四方，每一方四张马皮，他们并且把忽迷思放在那里给他喝，把肉放在那里给他吃。游牧民族的饮食文化也深深地打上了宗教信仰的烙印。"[一] 这些所进献的肉食品是供奉天神的，人们通过这种方法，希冀得到神灵和祖先的赐福。

自明代以来，喇嘛教祭火神时也供奉食品，让火神享用，可见饮食是游牧民族宗教信仰物化的一种反映。一方面人们用赖以生存的食品去供奉宗教之神，另一方面民间对宗教的信仰又推动了饮食文化的发展。蒙古民族盛行一种"喇嘛茶"就是喇嘛教教规在饮食上的反映。可见游牧民族饮食方式的形成与发展，既是人与自然接触的结果，也是人类社会之间接触的结果。

四、多民族交流融合的饮食文化

蒙古民族的饮食方式是在与汉族以及其他民族的相互交流与影响中发展的。蒙古民族在12世纪前已形成了具有自己文化特征的饮食方式和饮食制度，其饮食模式虽具有独特性，但也受到与之相邻近的汉族、满族等民族的影响。《周礼·天宫》中记载了"八珍席"，蒙古民族创造出了"蒙古八珍"。吃全羊是蒙古民族的传统习俗，而"全羊席"却是蒙汉文化交流的结晶，它吸取了汉民族的烹调技艺，把蒙汉的饮食文化推向高峰。元代宫廷饮膳太医忽思慧的《饮膳正要》所记述的近百种美味中有五分之二是游牧民族的食品，其中的驼羹、牛蹄筋、马乳等佳肴早为汉、满等民族所接受。游牧民族制作酸马奶的技术很早便传入中原，《汉书·礼乐志》载有桐马酒；《说文》中也有"汉有桐马官，作马酒"的记载，应劭注云："主乳马，取其汁桐治之。味酢可饮，因以名官也。"[二]

独特的自然环境、游牧经济、适合自然规律的生活习俗、优秀的饮食加工技术及经验，造就了独具特色的蒙古民族饮食文化。

壹 蒙古民族的饮食礼仪

"**是**百灵鸟就要唱出最美的歌调，

是文明人就要讲究礼貌；

没有羽毛，有多大的翅膀也不能飞翔，

没有礼貌，再好的容貌也被别人耻笑。"

这是流传于草原上的著名的蒙古民族谚语，它生动地反映了蒙古民族崇尚礼仪的传统美德。

对于热情好客的蒙古人，待客是最能体现其礼节和规矩的。例如，吃手扒羊肉时，一般是将羊的肋条骨带肉配四条长肋呈给客人。如果是用牛肉待客，则将一块带肉的脊椎骨加半截肋骨和一段肉肠呈给客人。到蒙古人家里做客必须敬重主人。进蒙古包后，要盘腿围坐在炉灶前的地毯上。主人敬上的奶茶，客人通常要一饮而进，不然有失礼貌；主人请吃奶制品，客人不要拒绝，否则会伤主人的心。如不便多吃，也要吃一点儿表示礼貌。

铜壶、银碗

敬茶

蒙古民族的饮食中，奶茶占有头等地位，一日三餐均不能无茶。家中有客人来，首先要敬上奶茶；如果再有客人来，壶里的茶即便是新的也要重新沏泡，以示尊重。喝奶茶十分讲究茶具，样式要好，工艺要精美，无论什么时候都擦拭得干干净净。倒茶的时候，一定要把铜壶或勺子拿在右手里，壶嘴或勺头要向北向里，不能向南（朝门）向外。茶要倒得满，才显出主人的真诚。有的民族以"满杯酒、半杯茶"为礼貌，蒙古民族则以满杯茶为待客之礼。

盛茶

1

2

倒茶

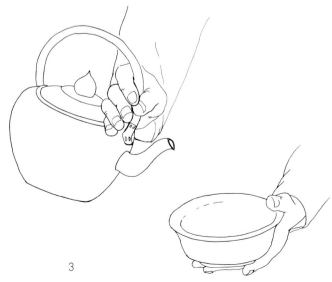

3

敬茶

4

5

6

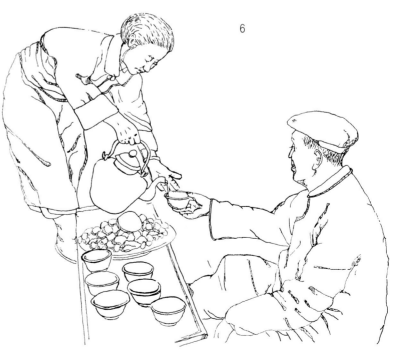

倒茶

婚礼敬茶

向长辈敬茶

向客人敬茶

敬酒

　　主人将美酒斟在银碗、银杯或牛角杯中，托在长长的哈达之上，唱起动人的蒙古民族传统敬酒歌。宾客应随即左手接酒，右手无名指蘸酒弹向头上方，表示先祭天；第二次蘸酒弹向地面，表示祭地；第三次蘸酒弹向前方，表示祭祖先，随后一饮而尽。不会喝酒也不要勉强，可沾唇示意，表示接受了主人纯洁的情谊。客人在回敬主人时，也要让在座的客人呷一口，使饮酒的气氛显得格外亲切。在古代北方游牧民族间盟誓，以牛角盛酒，交臂把盏，一饮而尽，以示友谊的真挚和永恒。这种饮具称为结盟杯。结盟杯选用优质成对的牛角，经过挖芯、去皮、多次打磨抛光以后，通体光洁，晶莹剔透，宛如玛瑙一般。再以银或铜打造酒杯，嵌入角根，牛角两端饰以金属花纹，拴结丝绸彩穗。整体造型古朴浑厚，有原始风味。

荷花纹高足金杯

元
高 12.5 厘米　口径 10.8 厘米
内蒙古自治区包头市达尔汗茂明安联合旗大苏吉乡出土
内蒙古博物馆藏

龙首柄银杯

元
高3.5厘米　口径7厘米
杯为花形口,弧腹平底,龙首形柄内錾牡丹
纹,口缘外錾连点纹。
内蒙古自治区赤峰市敖汉旗出土
内蒙古博物馆藏

木胎龙纹银碗

清
内蒙古博物馆藏

捧起哈达、端起银碗

敬酒

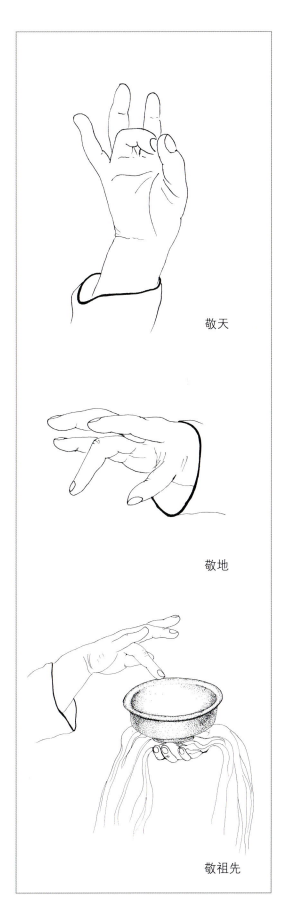

敬天

敬地

敬祖先

唱祝酒歌

迎客敬酒（在苏鲁德前）

向远方来的宾客敬酒

敬天敬地敬祖先

蒙古民族饮食文化

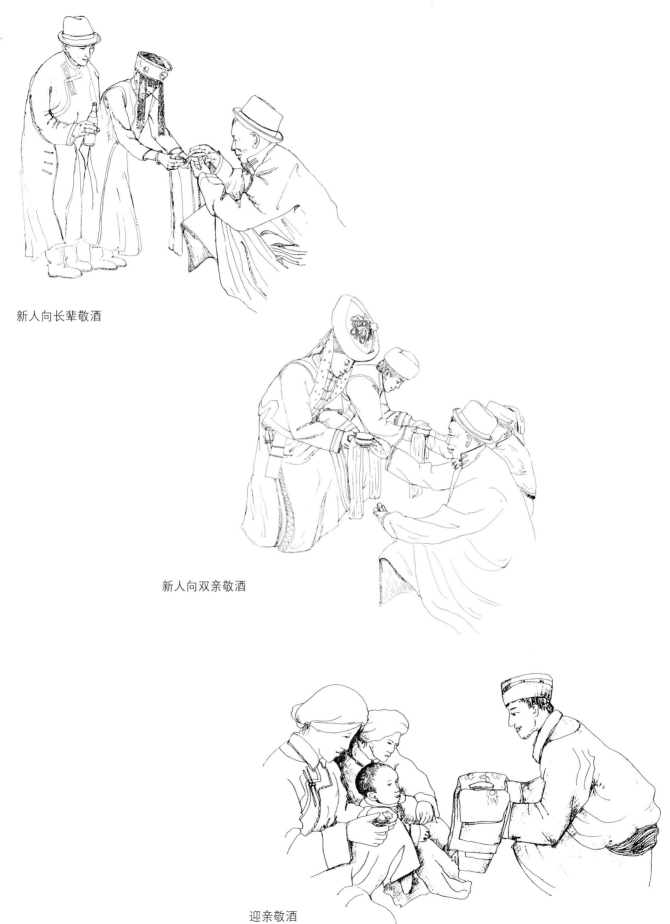

新人向长辈敬酒

新人向双亲敬酒

迎亲敬酒

节庆敬酒

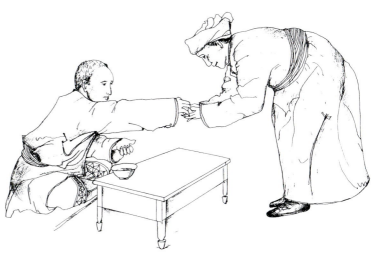

向客人敬酒

祝寿

敬神

蒙古人的礼宴上有敬神的习俗。据《蒙古风俗鉴》描述，厨师把羊肉割成九等份，"第一块祭天，第二块祭地，第三块祭鬼，第五块给人，第六块祭山，第七块祭坟墓，第八块祭土地和水神，第九块献给皇帝。"[一] 祭天要把肉抛向蒙古包上方，祭地抛入炉火之中，祭鬼置于蒙古包外，祭山挂在供奉的神树枝上，祭水神扔于河泊，祭佛置于佛龛前，最后祭成吉思汗，置于神龛前。

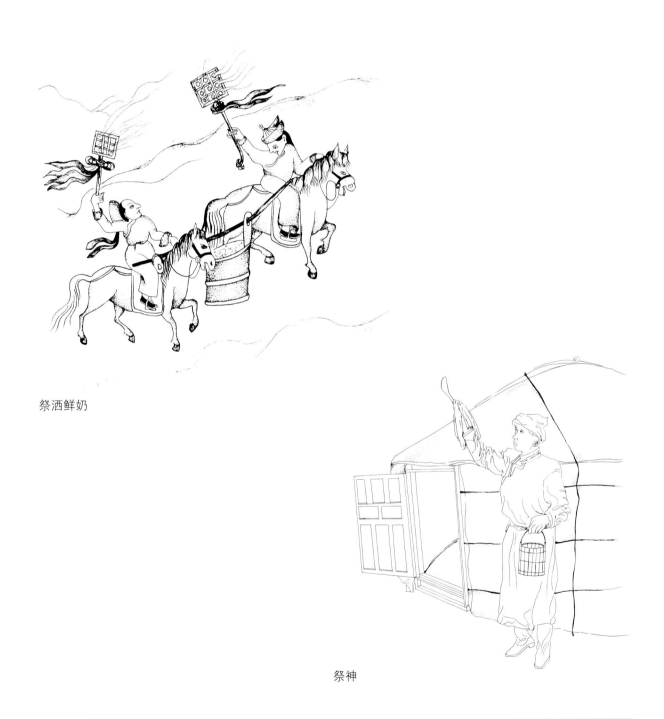

祭洒鲜奶

祭神

[一] 那木吉拉:《中国元代风俗史》, 人民出版社, 1994。

包内祭火

包内祭灶

祭火

婚宴前祭火

节日祭火

壹·蒙古民族的饮食礼仪

牧民用马奶祭天、地

蒙古民族饮食文化

祭天、地

祭坛

祭祀活动上的贡品

大型祭祀活动

摆食与进食

　　蒙古民族的节日礼宴是蒙古民族饮食文化的精粹。"秀斯"是蒙古民族非常重要的节日礼宴，一般译为"乌查"、"羊背子"、"全羊"，都不甚确切。"秀斯"是古代蒙古族流传下来的饮食习俗。《蒙古秘史》就记载着成吉思汗用全羊祭天或在喜宴上待客的风俗。如今"秀斯"已是蒙古族待客的最高礼节，在草原广泛流行。

　　献"秀斯"时根据不同的需要和不同的对象也就有不同的方式和不同的"秀斯"。一般用来招待客人的有全牛、珠玛和全羊秀斯三种，主要取其完整、吉祥、齐全、隆重之意。献全牛秀斯，除了祭祀，一般席面上用牛的某一部分，比如为85岁以上的老年人祝寿，仅象征性地献上"牛乌查"（蒙古语称为"乌古查"，即牛羊软肋以下肋脊肉）。向贵宾献珠玛时，在四只蹄子上镶银蹄子，前额上挂刻有银制的铭牌。这是招待客人的头等席。如在春节招待亲朋好友，把熟羊头放在大方木盘中间，周围摆满各种奶食品和点心端上桌，请客人品尝，称为"献羊头"。

　　献全羊"秀斯"属隆重礼仪。为61岁以上的老人祝寿，招待贵宾，或设大型喜宴的时候，每张桌都上一只全羊秀斯。

　　秀斯是古代流传下来的食品的精华，也是最尊贵的食品。是蒙古民族非常重要的节日礼宴，在那达慕盛会、婴儿洗礼、剪胎发仪式和婚礼等大大小小的蒙古族传统宴席上，都不可缺少全羊"秀斯"。"秀斯"二字大意为整羊、羊背子、全羊肉等，有珠玛秀斯、烤秀斯、全羊秀斯之分。

　　珠玛秀斯和一般秀斯不同的地方，在于除肠肚内脏外，其他的部分都可食用。杀羊以后，剥下皮子（也有燖毛的），把内脏肠肚掏出来，直接下锅去煮。献珠玛秀斯的礼节和一般秀斯也不同，羊要完整地放在盘子里，像活着的时候一样站着（或卧着）。烤秀斯的献法和珠玛秀斯一样，只是不剥皮，放在火上烤熟就成。

　　全羊秀斯即平常人们所说的"五叉"或"羊背子"，蒙古语也称为"秀斯"或"乌查宴"，是蒙古族居民最喜欢、最名贵的佳肴。只有在祭祀、婚嫁喜事、老人过寿或欢迎亲朋贵宾的宴席上才能见到，其做法和吃法都很讲究。将绵羊宰杀剥皮后，按照头、脖子、胸椎、腰椎、四肢、五叉、胸叉等部位卸开。在大锅里倒进冷水，将秀斯的各个部位分成六七件整放进去，放进适量的盐，用温火慢煮。煮的过程中要频频翻动，肉刚熟即出锅。肉出锅时，在大盘上先摆四肢、羊背颈胛、羊头放到羊背上，似羊的爬卧姿势。

　　乌查宴是蒙古族牧民最讲究最美味的盛宴，其盛况常常是通宵达旦，热闹非常。这种宴会，主要是喝酒、唱歌、跳舞、畅谈友谊。所以，一直到现在还十分盛行。如果能在草原上被请吃乌查宴，便是享受了最高的礼仪。

　　献"秀斯"要用专门的盘子，这种盘子用柳木或榆木制成，长方形，里面正好放一只仿佛卧着的绵羊。

　　往盘里摆秀斯的时候，先把两条前腿分左右放好，肋骨朝里扣着，挠骨朝里弯曲。两条后腿分左右摆在两条前腿的后面，把胫骨提起朝里弯曲。将胸椎朝前放在两条前腿中间，将五叉的脊椎面朝前扣过，上面把羊头朝前放上。羊额头上要画一个月芽形。

在吃整羊时，也按年龄大小及地位尊卑分而食之。有的地区把肥软的绵羊尾献给长辈；把肩胛骨分给最尊贵的客人。肱骨一般分给除主宾外的其他客人。中等身份的客人则给股骨。妇女分给腰椎等部，姑娘和已婚的年轻妇女，则分胸骨。在婚宴上，新郎新娘各拿一副连在一起的尺骨，这是相约和幸福的象征。在蒙古民族的礼宴上，来访的客人一般不能吃罢离开，须在喝茶闲谈后，方可离去。

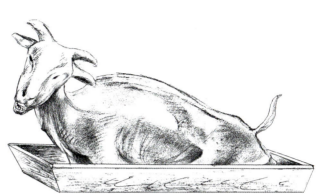

全羊

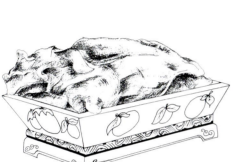

羊背

全羊

羊背

羊腿

摆食

婚宴摆食、进食

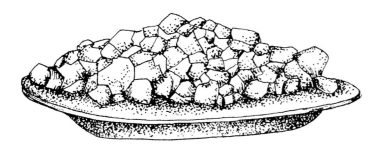

奶食品

炒米

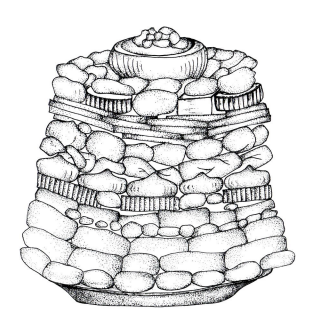

祭祀或节日用奶食品

蒙古民族饮食文化

献全牛

献全羊

婚宴餐桌

日常餐桌

点心

聚餐

节日餐桌

全羊席

蒙古人接待尊贵的客人或是喜庆的日子要摆全羊席。这是蒙古人款待贵宾的传统礼仪。

自古以来，蒙古人就有吃全羊、喝马奶酒和给远征的亲人携带熟绵羔羊肉条的习惯。吃整羊时，主人先请席间的最长者动刀。长者接蒙古刀，在羊头的前额划个"十"字，从羊的脑后、嘴角两边、两个耳朵、两个眼眶、脖颈、硬腭上割下几块肉，再把羊头转向主宾。主宾端起羊头回赠主人。主人端过一个空盘，接过羊头和长者割下的羊肉，摆在龛前敬神。之后用专用的蒙古刀，从羊乌查的左右两侧切出长条数片，左右交换放置。割羊乌查前半部时，刀刃向外。如此切割三次之后，分节卸下其它骨头，由阳面转一圈后，放入肉汤里加热，然后摆上餐桌。

礼献全羊时，通常安排专人献祝词。诵祝前，要向祝词人敬酒一杯。祝词人用无名指蘸酒弹酹，然后举杯祝词。诵祝的姿势：老年人坐着，中年人单腿跪着，年轻人站着。祝词内容因人、事、地区不同而各异。

据文献记载，成吉思汗曾设过全羊宴。忽必烈登基时，也设全羊宴祭神、待宾客。到了清代全羊宴更加盛行，现已成为内蒙古各地接待宾客的必备菜肴。

烤全羊

脍炙人口的秀斯

全羊

蒙古民族饮食文化

献全羊

诵祝词

敬神

全羊礼仪

蒙古民族饮食文化

长者持刀在羊首前额划〝十〞字

主人切割

壹·蒙古民族的饮食礼仪

烤羊腿

烤全羊

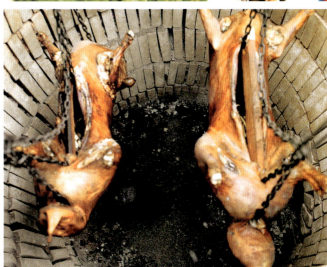

回锅加热

二 宴会礼仪

蒙古民族的饮食礼仪源远流长，其中最具代表性的要数史书中记载的元代的宫廷宴会——质孙宴。

质孙宴是蒙元时期蒙古民族最为隆重的宫廷宴会，是融宴饮、歌舞、游戏和竞技于一体的娱乐形式。"质孙"是蒙古语jisun（意为颜色）的音译，又写作"只孙"、"济逊"。因为质孙宴是众多宫廷宴会中最为盛大的一种，所以出席宴会的人都要身穿由皇帝颁赐、工匠专制的特定衣冠，称之为"质孙服"。赴宴者穿着质孙服，一日一换，颜色一致，因此，质孙宴也被称为诈马宴，"诈马"是波斯语 jimah（意为外衣、衣服）的音译。

质孙宴（诈马宴）是宫廷最高规格的食飨，它的宗旨是：纵情娱乐，增强最高统治集团的凝聚力。它有适宜的时间，固定的场所，对赴宴者的身份、服饰均有严格规定，展示了蒙古王公重武备、重衣饰、重宴飨的习俗。质孙宴一般于每年的阴历六月择良辰吉日举行。皇帝赏赐质孙服，表示对臣僚的恩宠，受赐者以此为荣，质孙服已经成为当时社会上达官显贵的身份的象征。元代文献中有许多关于皇帝"赐服"的记载，所赐多为质孙服。宴会期间凡勋戚、大臣、近侍，甚至乐工卫士等，皆有其服，每日一种颜色，一日一换，颜色一致。天子之质孙服冬有十一等，夏有十五等；百官的质孙服，冬有九等，夏有十四等。宴会多在金碧辉煌、带有浓郁民族风格的"昔剌斡耳朵"（黄色的宫帐）中进行。出席者皆着珠翠金宝衣冠腰带，妆饰马匹。按规矩，清晨自城外各持彩杖，列队驰入皇城大内，继而大摆筵宴。宴会时，按贵贱亲疏的次序各就其位，皇帝盛装亲临。蒙古族自古能歌善舞，诈马宴也总是伴随着歌舞进行，在此期间还要表演兽戏，进行摔跤（角）、放走（长跑比赛）等活动，持续数日才告结束。

质孙宴的入场形式极具民族特色。据元代诗人周伯琦《近光集》记载："国家之制，乘舆北幸上京，岁以六月吉日，命宿卫大臣及近侍，服所赐只孙珠翠金宝衣冠腰带，盛饰名马，清晨自城外各持采杖，列队驰入禁中，于是上盛服御殿临观，乃大张宴为乐。惟宗王、戚里、宿卫大臣前列行酒，余各以所职叙坐合饮，诸坊奏大乐，陈百戏，如是诸凡三日而罢。"

质孙宴耗资巨大，主要菜肴是羊，有时仅用羊就达三千只，羊肉除手扒肉外，还有"秀斯"（煮制成的全羊）、"昭术"（烤全羊）等。诈马宴上的饮料主要有马奶酒、白酒和葡萄酒，其他饮料、食物也非常丰盛。除美酒肥羊外，还要上蒙古宫廷名肴——八珍：元玉江、紫驼蹄、麋鹿脯、鼾肉、熊掌、飞龙汤、白蘑、黄羊腿。元代诗人这样描述质孙宴的盛况："酮官庭前列千斛，万瓮蒲萄凝紫玉。驼峰熊掌翠斧珍，碧实冰盘行陆续。"《口北·三厅志·诈马行》一文中记载忽必烈在上都城举行诈马宴时的情景："大宴三日酣群宗，万羊脔炙万瓮浓；九州水千宫供，曼延

质孙宴（诈马宴）

角抵呈巧雄；紫衣妙舞衣细蜂，钧天合奏春融融。"形象地描述了质孙宴上，皇帝和群臣喝着美酒、吃着羊肉和美味佳肴，观看摔跤手较力角斗、舞女轻歌曼舞的热闹场面。

　　根据马可·波罗的描述，蒙古大汗每年举行节庆大宴十三次，其中以质孙宴规模最大。每年的元旦、大汗生日，以及春秋狩猎、迁徙驻地等重大活动时，蒙古大汗都要在宫廷举行盛大宴会，招待宗王、贵戚、大臣和使臣等，这是蒙元时期的一项重要习俗和制度。在这种大宴上，大汗或皇帝常给大臣赏赐，获得者感到莫大荣耀。有时在质孙宴上也商议军国大事，这种质孙宴还带有浓厚的政治色彩。同时，质孙宴也具有草原那达慕的内容。

宫廷宴会（原载蒙古历史油画长卷）

另据元代陶宗仪《南村辍耕录》记载，元代宫廷宴席还有"喝盏"的习俗，"天子凡宴飨，一人执酒觞，立于右阶，一人执柏扳，立于左阶。执板者抑扬其声，赞曰：'斡脱'。执觞者如其声和之，曰：'打弼'，则执板者节一拍，从而王侯卿相合座者坐，合立者立，于是众乐皆作，然后进酒，诣上前。上饮毕，授觞，众乐皆止。别奏曲，以饮陪位之官，谓之'喝盏'。盖沿袭亡金旧礼，至今不废，诸王大臣非有赐命不敢用焉。"[一] 对此，马可·波罗是这样记载的："当忽必烈饮酒时，朝臣和所有在场的人都匍匐在地，同时，一个庞大的乐队鼓乐齐鸣，直到陛下饮完后才停止奏乐，于是，所有的人从地上爬起，恢复原来的姿势。"[二] 可见，元代宫廷礼仪之隆重。

宫廷宴席（原载《人类文明史图鉴》）

[一] 陶宗仪：《南村辍耕录》卷二十一，中华书局，1959。
[二]《马可·波罗游记》，中国文史出版社，2005年。

诈马宴

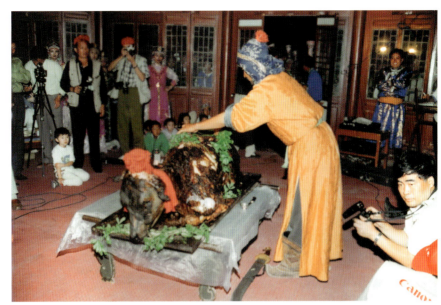

诈马宴

去发宴

去发宴是蒙古族给幼儿首次去发而举办的仪式，也是人生的重要宴会，十分隆重。举行宴会的当天早晨，蒙古包内外要打扫干净，摆好长桌，母亲必须抱着孩子在门口迎接客人。去发的意思是祝福孩子健康成长。

迎客

去发仪式

仪式开始

去发后

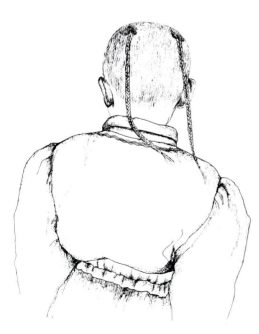

婚礼宴

　　蒙古族的婚宴是特别热烈隆重的。蒙古族遵守严格的同宗不婚的习俗，实行族外婚。族外婚者去很远的地方，向没有氏族血缘关系的人求婚，渐渐形成了送聘礼、定亲、结婚的各种仪式。婚宴之日，摆设隆重的宴席，招待送亲迎亲的众多客人。

订亲仪式

下聘礼

婚礼

迎亲

蒙古民族饮食文化

迎亲

送亲

新郎折羊脖子

新人给双亲敬酒

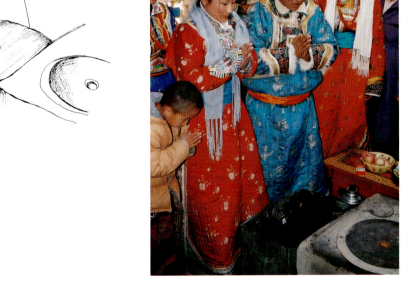

新人拜火

祭神

下聘礼

招待迎亲客人喝茶

进餐

蒙古民族饮食文化

新人敬酒

新人敬酒

回敬母爱

婚宴

壹·蒙古民族的饮食礼仪

丧礼宴

因蒙古族大多信奉佛教，所以，丧礼自始至终都要请喇嘛来主持。旧时，喇嘛的参与不仅贯穿整个丧礼期间，而且，人尚未去世，喇嘛就要到丧家安排诸项事宜，死后三年才离开。

在送葬回来后，丧家要置备宴席，招待亲友和客人，比起汉族人的丧礼宴要简单，一般就是杀一两只羊而已。在宴席上可以喝酒，但是不准喝多，面红耳赤显出醉态则被认为无礼。除了酒肉外，还有素餐。素餐由黄油煮米，加上红枣、红糖、奶酪。荤素餐不单用于招待来客，其中一部分要给逝去的人上供。另外，凡是路过的人也有一份，主人把这种行为看成是积德行善。客人用过饭后，要说"用过逝者的福膳"。年高德重的人去世后，其丧礼宴上的食品、供品则是人们最为看重的，有的人把供品等物带回家，与家人和亲属共享。

念经文

喇嘛诵经

超度亡灵

念经文

丧宴

供品

贰 蒙古民族的饮食种类

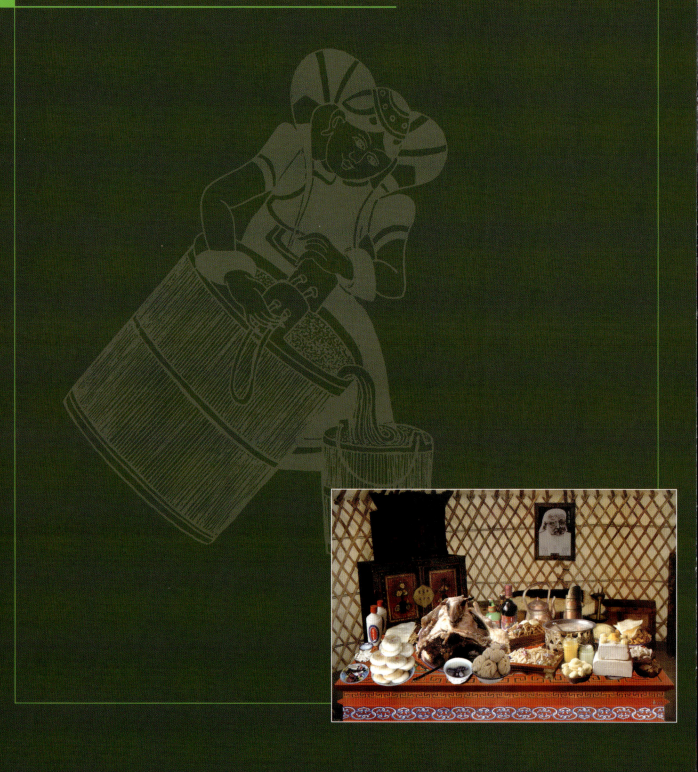

蒙古民族的食品为肉食、奶食、粮食三大类并用。在 13 世纪，成吉思汗能够"屯数十万之师不举烟火"，就是由于蒙古军队行军时并无辎重，全依赖挂在马鞍旁的一个盛装干肉和奶酪皮囊。这种以肉奶为主，轻便简朴的饮食习惯至今仍保留着，也就是这红（肉食）、白（奶食）、黄（炒米）三色构筑了蒙古民族独特的传统饮食文化。

先白后红

蒙古民族的饮食习惯为先白后红。白指乳制品；红为肉制品。蒙古人以白为尊，视乳为高贵吉祥之物。如果称赞你心地像乳汁一样洁白，你就是得到了最高的奖赏。牧民有谁不慎撒了乳品，就会马上用手指蘸了乳品抹在额上，说一声"啊唏，折福了"。不论大小宴席，都用白食为先。主人端来一只盛奶的银碗，按照辈分、年龄，请客人一一品尝，这是一种传统礼节。每逢祭奠翁衮山神、敖包、苏鲁德的时候，都要用新挤的鲜奶向上天和圣主祭洒。在喜庆和祈祷之后，进行招福致祥的仪式。放羊背子的时候，一只绵羊割六七件，盛在一只大盘里，略似卧状。羊头在上面，羊头上面又抹了黄油，表示红食仍要以白食为先导。如果在牧区，看到手扒肉上来就下手，不先品尝奶食，则视为无礼。

以饮为主

谚云："学之初啊（蒙文的第一个字母），食之初茶。"凡经过草原的人，不论蒙汉生熟，主人必先双手捧上茶水："有好茶喝，有好脸看"。牧区的蒙古人不论早上、中午都要喝茶，这就是"宁可三日无饭，不可一日无茶"。牧民喝茶，讲究配套：炒米、黄油、奶豆腐、奶皮、红糖，冬天往往还有肉。牧民习惯，客人喝茶，饮未及底，复来续满。客人如不想饮，可以声明，否则会让你一直喝下去。蒙古民族从小吃惯流食或半流食食物，如奶稀饭肉粥等。也许是以饮为主积久成习，蒙古民族把吃肉也说成"喝汤"，把吃羊肉称为"汤物"、"汤羊"。

轻便简朴

奶茶泡炒米，是游牧民族的一大发明，不仅是生活需要，而且有科学依据。吃上一顿手扒肉，再美美喝一顿奶茶，不仅荤素搭配，稠稀结合，口中不腻，胃里舒服，而且很容易消化。牧区的蒙古民族，常把炒米装在一张整剥的小牛皮里（有时也装些干肉），酥油放在用酸水泡制的瘤胃中，带在马身上，不怕磕碰且行走无声响。即使到了荒无人烟的地方，只要有水，捡几块干牛粪就能举火熬茶。直到今天，打草、走敖特尔（游牧）、长途拉盐或打猎的时候，仍然坚持这种轻便简朴的生活方式。

质朴而精美的宫廷饮食

中国古代宫廷饮食在各个朝代的风味特点是不尽相同的。元代蒙古民族入主中原，远征欧亚，宫廷饮食以蒙古民族传统饮食为主，兼收汉、回、藏及域外风味。元代蒙古民族以畜牧为主要生计，习嗜肉食，兽禽兼用，尤以羊肉为主，野味也占有一定比重，由此构成元代宫廷饮食的主要特色。

元代宫廷御厨对羊肉的烹饪方法很多，其中最负盛名的是全羊席，这是元代宫廷在喜庆宴会和招待尊贵客人时最丰富和最讲究的传统宴席，早已驰名中外。全羊席共有菜肴120品，点心16种，分四道上菜，各道菜的名称，尽管主料均为羊，但却不露出一个"羊"字。在《饮膳正要·聚珍异撰》中的94种宫廷膳中，有70余种以羊肉为主料或辅料，烹调技法复杂多变，品味各异。元代宫廷的饮食不仅菜肴制作以羊肉为主，而且主食也喜与羊肉一起搭配制作。元代宫廷的主食，主要有小麦、大麦、荞麦等，据《饮膳正要》记载，大麦可以熬粥、煮饭，还可以和羊肉一起熬汤，称为大麦汤，也可以磨成面粉再加工成其他食品，如"大麦井子粒"，即以大麦米、豆粉，加上羊肉丝、生姜汁、芫荽、草果、回回豆等一道加工而成，可补中益气，健脾胃。此外，诸如面条、烧饼等各类面食都与羊肉一起加工，具有浓郁的民族风味。

元代宫廷中饮料十分丰富，仅《饮膳正要·诸般汤煎》中就记载了近五十种，如"桂浆、桂沉浆、五味子汤、人参汤、仙术汤、杏霜汤、四和汤、羹枣汤、茴香汤、破气汤、白梅汤、木瓜汤、橘皮醒醒汤、松子油、杏子、酥油、醒酶油、马思哥油、枸杞茶、玉磨茶、金字茶、范殿师茶、紫笋雀舌茶、女须儿、西香茶、兰膏川茶、滕茶、燕尾茶、孩儿茶、温桑茶、清茶、炒茶、酥签、建汤、香茶"，以上诸品，都是用药材、香料、茶叶、果品、奶油等制成的。汤饮不仅具有解渴的功能，而且有的还有滋补作用，一些品种至今仍受蒙古族人民的欢迎。

蒙古包内景

　　红食专指肉食。蒙古民族传统饮食离不开肉，肉多以牛羊肉为主，过去还有猎取的黄羊、狍子、野猪、野兔、山鸡等，现已少见。

　　手扒肉是蒙古族经常吃的一种食品。做法是将带骨牛羊肉分成若干大块，放入白水中煮（一般加盐），煮熟即取出，置于大盘中上桌，大家各执蒙古刀切割食用。斟酒敬客，吃手扒肉，是草原牧人表达对客人敬重和爱戴之情的传统方式。

　　全羊席，又称整羊席，蒙语为"布禾勒"，是蒙古族招待贵宾的传统佳肴，也是蒙古民族最古老、最隆重的一道宴席，一般只在盛大宴会、隆重集会、举行婚礼或接待高级贵宾时摆设。整羊加工后摆在长方形的大木盘里，像一只卧着的活羊，肉味鲜美，香飘满堂，浓郁扑鼻。宾客在进餐前，还要举行一定的仪式，高唱赞歌，朗诵献整羊的祝词等。据文献记载，成吉思汗曾设过全羊宴。忽必烈登基时，也设全羊宴祭神、待宾客。到了清代全羊宴更加盛行，现已成为内蒙古各地接待贵宾的名贵菜肴。

　　烤全羊是内蒙古地区特别是阿拉善地区蒙古民族人民招待尊贵客人的一种菜肴。烤全羊的做法是将羊内脏取出，燎毛留皮，加各种调料，在特制的炉子里用"扎嘎梭梭"烤制而成，色泽金黄，味道鲜美。据说在成吉思汗时代，蒙古将士在行军途中，用铁支架烧烤整羊吃，这或许就是现在烤全羊的雏形。

烤全羊（珠玛秀斯）

全羊

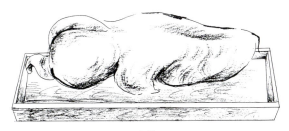

羊背

羊腿

全羊秀斯

分割

煮羊背

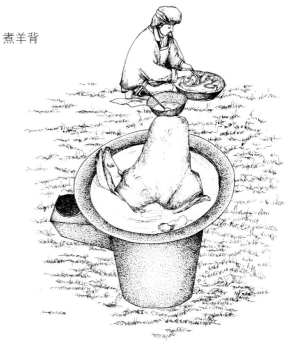

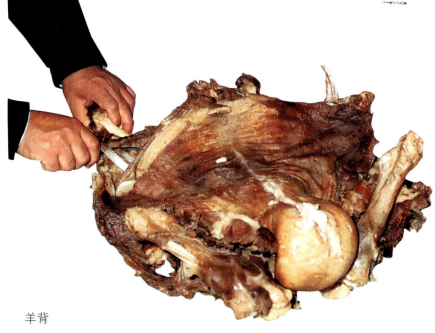

羊背

手扒肉

煮肉

家宴

节日

做客

聚餐

二　白食

　　奶食色白，象征纯洁，蒙古人以白为尊，视乳为高贵吉祥之物，称奶食品为白食，蒙古语为"查干伊德"。白食是用牛奶或马奶制作的各种食品和饮料，种类主要为奶豆腐、奶皮子、黄油、奶油等。也有一些地方用羊奶、骆驼奶，品种十分丰富。

　　奶豆腐，蒙古语称"苏恩呼如德"，制作奶豆腐主要用牛奶作原料，将鲜牛奶用粗纱布过滤后，盛进木桶或瓦缸中，放置阴凉处几天后鲜奶自然凝结。将凝固在上面的奶油取出后，把凝乳倒进锅里，用温火熬煮。因蛋白质受热凝固，乳清会慢慢分离，同时榨取乳清，留下稠凝乳加大火力，把乳清彻底榨完后，及时用勺揉搓稠凝乳直至不粘锅。然后用小勺或专用木具将稠凝乳放进木模中轧实后放置阴凉处晾干即为奶豆腐。

　　奶豆腐色白，半透明而有光泽，切成细条的叫奶豆腐条。有时为了让奶豆腐变得筋道、滑腻，加少许黄油。制作奶豆腐的木模因地区不同而异，有的块头非常大，跟大方砖一样，有的跟汉族的月饼模子一样，刻有非常精致的花纹，大部分是民族传统纹理、图案，用这种模子做的奶豆腐像精美的艺术品。厚块奶豆腐吃起来柔软，有浓厚的奶香味，而薄奶豆腐油腻，进嘴即溶，格外香甜。

奶豆腐

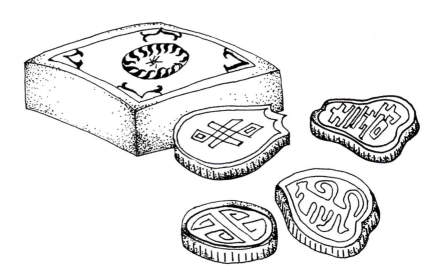

切割

晾晒奶食

众人抬

最大的奶豆腐

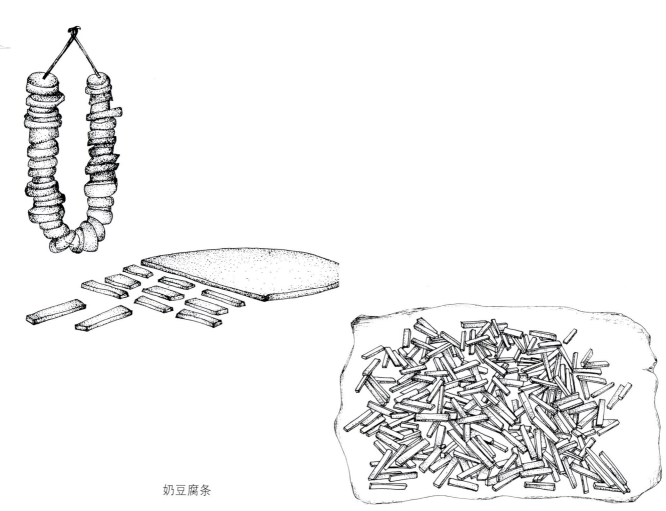

奶豆腐条

你也来一块

晾晒奶食

　　黄油，顾名思义，其色金黄。黄油是由稀奶油中提炼而成。将稀奶油装在用纱布缝制好的袋子里，将其吊起沥净酸汤，倒入木桶或者盆里搅拌。使其凝固成团状，放入锅内由小火逐步加热、溶化，浮在上面透明色的是黄油。黄油经加工提纯，不易变质，较稀奶油容易储存。牧人一般将提纯而成的黄油装在用酸水泡制的牛羊的胃里储存。也可用其他容器储存。

　　黄油是奶食品中的精华，有着较高的营养价值，并兼得药用价值，是蒙古民族医药的药引子。

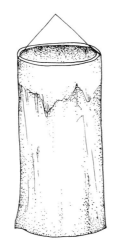

装在纱布袋里的稀奶油

沥酸汤

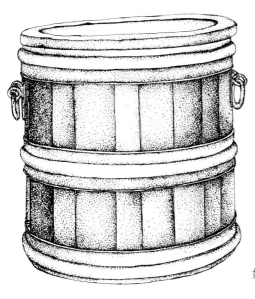

奶桶

装在盆里的稀奶油

搅拌

提纯黄油

煮制奶油

盛在器皿中的黄油

盛在盘中的黄油

装在羊肠里的黄油

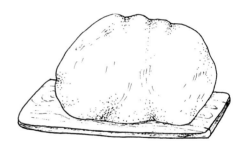

装在羊胃里的黄油

奶皮子，蒙古语称"乌日么"。制作奶皮子时，将倒进鲜奶的铁锅坐在火撑上，用微火烧到一定温度后，拿勺子反复扬奶子。待奶液产生很多气泡，把火慢慢减小，同时停止扬奶等待自然凝固。一般是晚上熬奶皮子，第二天起来的时候，就会在熬过的奶子上结一层厚而多皱的表皮，这就是奶皮子。用铁勺从锅边沿上把奶皮子划开，用细木棍从中挑起，这样奶皮子就被折叠成一个半圆。将它放在阴凉通风的地方晾干，不能直接晒在太阳下面，会变黄并变得坚硬。夏天的牧草水分大，牛奶的油性小，奶皮子发湿，不易储存而且还薄。一般是在秋末牲畜抓膘时最宜做奶皮子。制作好的奶皮子放在一只特制的半圆形篓子里，以备冬春食用。奶皮子产量较小，但营养丰富，香甜油腻，能够滋补身体，调理气血，使人容光焕发。

煮奶

扬奶

蒙古民族饮食文化

冷却

凝固

提取

成形

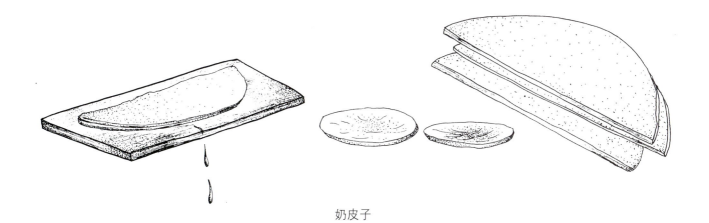

奶皮子

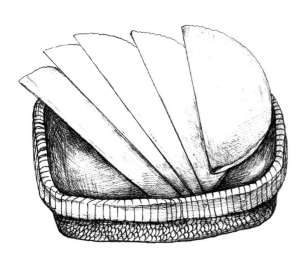

储存

奶茶，蒙古语为"苏台柴"，是蒙古族日常生活中不可缺少的饮料，俗话说"宁可三日无餐，不可一日无茶"。

熬煮奶茶通常是将青砖茶捣碎，把茶装在小布袋里(也可不装袋)，放入清水锅里煮，茶在锅里翻滚时，用勺子不断地扬，三四分钟后，把新鲜牛奶加入。鲜奶与茶水的比例，可根据自己的条件和习惯。奶茶开锅后，再用勺子扬，待茶乳交融、香气扑鼻时即成。熬煮好的奶茶一般为浅咖啡色。有的地区在茶锅中加适量盐，有的则在喝茶时随用随加。此外，有的地方把炒米或小米先用牛油或黄油炒一下，再放进茶里煮，这样既有茶香味，又有米香味。

煮奶茶的技术性很强，奶茶味道的好坏，营养成分的多少，与用茶、加水、掺奶，以及加料次序的先后都有很大的关系。如茶叶放迟了，或者加茶和奶的次序颠倒了，茶味就出不来。而煮茶时间过长，又会丧失茶香味。蒙古族人认为，只有器、茶、奶、盐、温五者相互协调，才能熬煮成咸香美味的奶茶来。为此，蒙古族妇女都练就了一手熬煮奶茶的好手艺，凡女孩子从懂事起，做母亲的就会悉心向女儿传授煮茶技艺。

砖茶

饮具

捣茶

兑奶

扬

扬茶

熬茶

兑奶扬茶

奶茶飘香

马奶酒，一般以鲜马奶为原料发酵而成。传统的酿制方法主要采用撞击发酵法。这种方法，据说最早是由于牧民在远行或迁徙时，为防饥渴，常把鲜马奶装在皮囊中随身携带，由于整日骑奔驰颠簸，使皮囊中的奶自然颤动撞击，变热发酵，成为甜、酸、辣兼具，并有催眠作用的马奶酒。由此，人们便逐步摸索出一套酿制马奶酒的方法，即将鲜马奶盛装在皮囊或木桶等容器中，用特制的木棒反复搅动，使奶在剧烈的撞击中温度不断升高，最后发酵便成为清香诱人的马奶酒。

马奶酒的酿制和饮用，主要是在夏秋水草丰美、马肥膘壮的季节。马奶酒一般呈半透明状，酒精含量比较低，乳白色，不仅喝起来口感圆润、滑腻、酸甜、奶味芬芳，而且性温，具有驱寒、活血、舒筋、健胃、润肺等功效。常喝马奶酒可治胃溃疡、肺结核等疾病。马奶酒自古以来就深受蒙古族人民的喜爱，是他们日常生活及年节吉日款待宾朋的重要饮料。

奶酒是以牛奶为主，或牛奶中稍加羊奶、驼奶，发酵后酿制而成。酿制奶酒的蒸馏法与酿制白酒的方法近似，一般是把发酵的奶倒入锅中加热，锅上扣上一个无底的木桶或用紫皮柳条、榆树枝条编成的筒状罩子，上口放一个冷却水锅，桶内悬挂一个小罐或在桶壁上做一个类似壶嘴的槽口。待锅中的奶发酵（蒙语称艾日格）受热蒸发，蒸气上升遇冷凝结，滴入桶内的小罐或顺槽口流出桶外，便成奶酒。用这种蒸馏法酿制的奶酒，酒度数高些。如果将这头锅奶酒再放入发酵的奶子中反复蒸馏几次，度数还会逐次提高。

挤驼奶

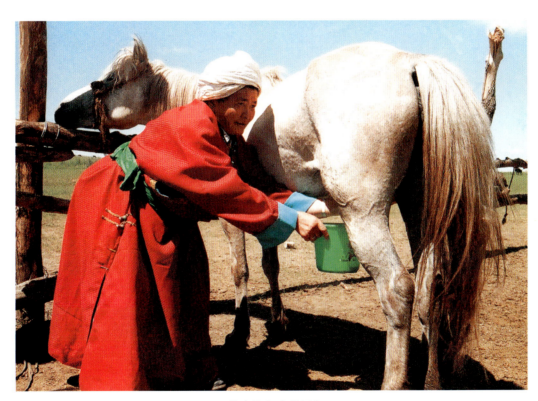

蒙古族妇女挤马奶

蒙古民族饮食文化

牵牛犊

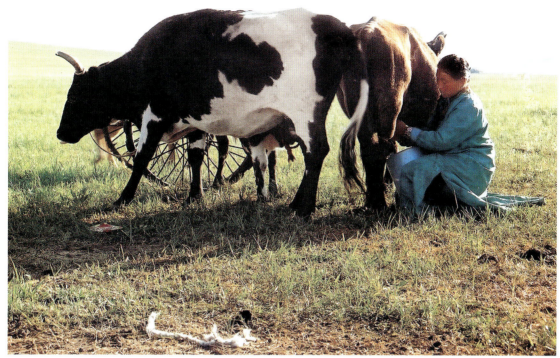

挤牛奶

储奶

挤羊奶

发酵用的皮囊

搅拌

四　制作奶酒器具

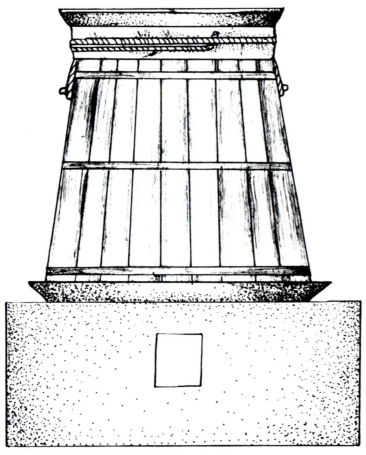

奶酒器具一组

酒桶、酒勺

制奶酒锅
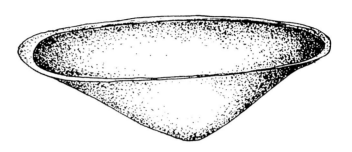

制奶酒笼
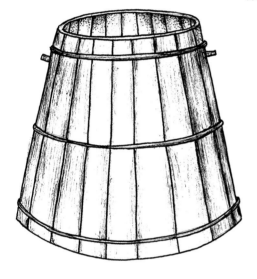

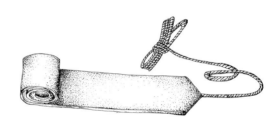
带子

大铁锅

奶酒罐

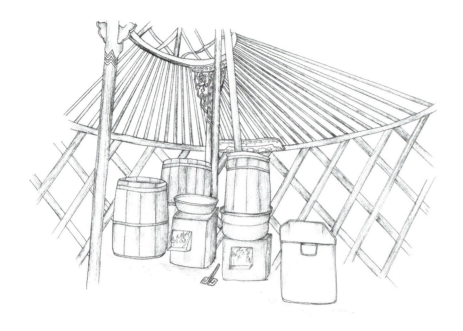

制作奶酒示意图

加热

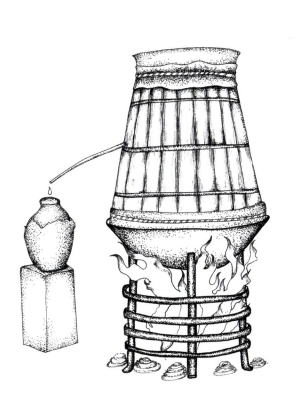

出酒

蒙古民族饮食文化

加工奶酒的场景

制奶酒

加工奶酒

储存奶酒

　　酸奶子，蒙古语为"艾日格"，是牧区的传统饮料之一。牧民一般不爱喝鲜牛奶，而喜欢喝酸奶子。制造方法有两种：一种是熟酸奶，先将鲜牛奶倒入大锅中烧开，然后放在通风处自然晾凉，使其发酵，以带酸味者为佳；一种是生酸奶，把鲜奶置于罐中，放在阳光下或高温处使其受热发酵，用木棍搅动，几天之后发酵产生酸味，便成为酸奶子。酸奶子醇香扑鼻，清凉可口，可拌炒米或拌米饭食用。夏季常饮，止渴祛火，有助消化。

熬奶

储奶

储奶桶

储奶罐

搅拌

搅拌

蒙古民族饮食文化

自然发酵

储奶

酸奶

　　粮食在草原蒙古族的食品中也占有很重要的地位。牧区牧民的食品中，粮食制品大约占近一半，农业区和半农业区粮食则是主要食物。就整个蒙古民族地区来说，粮食的品种很多，我国北方汉族生活地区所有的粮食品种，蒙古地区几乎都有。蒙古族吃面食的传统方法很多，通常都是用奶、油、肉混合食用，吃奶面条和羊肉汤面的较为普遍。但对一般蒙古族百姓来说，最为常见还是炒米。

　　炒米，蒙语为"胡日森布达"，是蒙古族日常的主要食品之一，又称"蒙古米"。米粒看似坚硬，实则干脆，色黄而不焦，带有特殊的香味。传统做法是将糜子米浸泡，温火煮到一定程度，停火焖。炒法分为炒脆米和炒硬米两种。炒脆米时待铁锅里的沙子烧红后放入适量的泡胀的糜子，用特制的搅拌棒快速搅拌，待米迸出花且水分蒸发完毕，迅速出锅并过筛子。炒硬米可以不放沙子，干炒到半生不熟即可。冷却后碾去糠皮。其吃法有：用肉汤煮炒米粥；用奶茶泡着吃时，加黄油、奶豆腐，味道则更佳；还可用酸奶或鲜牛奶，加上奶油、白糖等泡食。

　　由于炒米具有方便、快捷又特别耐饿的特点，因而成为蒙古族日常生活不可或缺的食品。这是蒙古族饮食习惯与其他民族最大的不同。

奶茶、奶豆腐、炒米

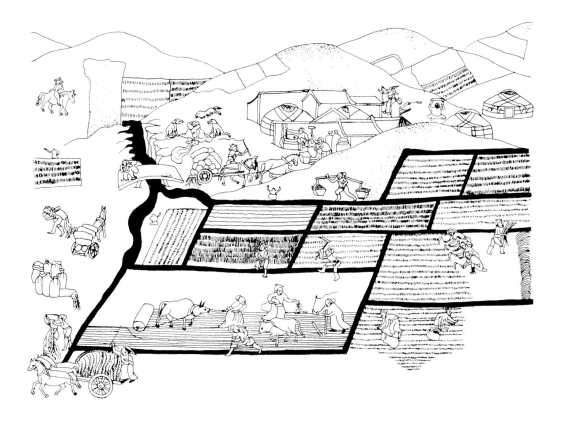

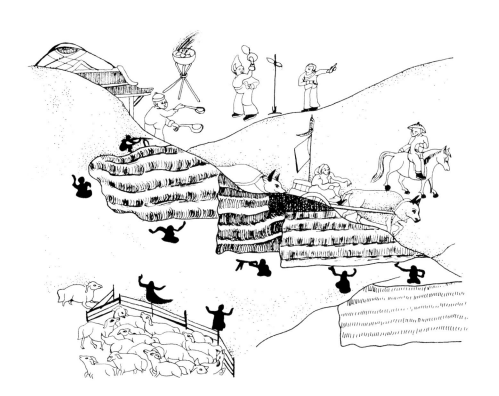

农耕

焖糜米

炒糜米

碾米

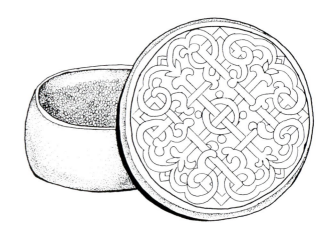

装在食盒里的炒米

捣米

炒米

叁 蒙古民族的饮食疗法

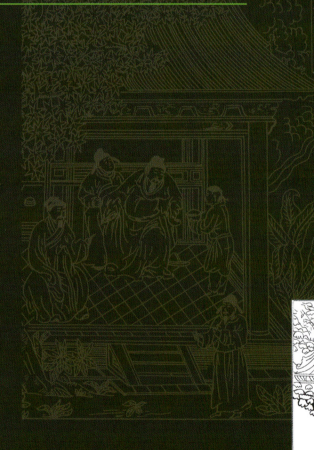

蒙医药是蒙古民族丰富文化遗产的一部分，也是祖国医学的重要组成部分。蒙医治病方法除药物治疗以外，还有传统的灸疗、针刺、正骨、冷热敷、马奶酒疗法、饮食疗法、正脑术、药浴、天然温泉疗法等。这当中，食疗是蒙古民族传统饮食文化中极富民族特色的组成部分。

蒙古高原降水量少而不匀，风大，寒暑变化剧烈。春季多大风天气，夏季短促而炎热，降水集中，秋季气温剧降，霜冻早，冬季漫长严寒并以多寒潮天气为主，年平均气温为0℃~8℃。因此，蒙古人的食物中，均以乳、肉制品为主，特别注重饮食品种的科学搭配。据史料记载：从13世纪到17世纪初，广大蒙古地区出现了许多民间医疗方法及方药，如酸马奶疗法、瑟必素疗法（蒙古语，即用牛羊等动物胃内反刍物做热敷的一种疗法）、矿泉疗法、灸疗法、拔火罐疗法、正骨疗法，饮食疗法以及民间用药方法都是这个时期的产物。元代蒙古民族营养学家忽思慧，用汉文编著了《饮膳正要》一书，内容丰富，图文并茂，记载了大量的蒙古民族饮食卫生、饮食疗法，各种食物、有关验方和营养学方面的内容，此书成为我国最早的营养学专著之一。

蒙古民族饮食疗法属于蒙医的传统疗法之一，蒙医饮食共分为食物和饮料两大类：

食物类包括粮食类、肉食类、油脂类、乳食类、蛋类、水果类、蔬菜类、熟食类和调味品共9大类；饮料包括水类、奶类制饮料、茶类、酒类4类，总计包括近200种饮食。开发利用蒙医饮食具有较高的经济价值和社会效益。如：在蒙医饮食疗法理论基础上，对"酸马奶疗法"的研究已由传统制作工艺、实验研究提高到临床应用的研究上。

酸马奶含有丰富的维生素、微量元素和多种氨基酸等营养成分。实验研究和临床研究都证明了酸马奶对高血压、冠心病、瘫痪、肺结核、慢性胃炎、十二指肠溃疡、胃神经官能症、结肠炎、肠结核、糖尿病等症的预防和治疗作用非常明显，其开发利用潜力很大。沙棘有明显的止咳祛痰、活血散瘀、消食化滞等功能，经化学分析和药理实验，目前已研制开发出沙棘饮料等各种健身饮料和美容化妆品。饮茶是蒙古民族的最大嗜好之一，茶叶是他们日常生活的必需品。奶茶，是蒙古民族一日三餐都要喝的茶。蒙古民族还有把其他植物用作茶叶的传统。据统计，内蒙古地区生长的的茶用植物约有12科28种，其中有些种类的茶亦入药，通过进一步的分析研究，选择出药用价值较高的种类，可以开发新药物和药用茶。此外，还有杏仁、麦饭石等重要蒙药材，亦已经研制开发利用。

蒙古民族饮食疗法也属于蒙医的传统疗法之一。蒙古民族人民中流传着这样一句民间谚语："病之始，始于食不消；药之源，源于百煎水。"诸如奶食、肉食、骨汤之类，只要食用适当，都可以起到滋补、强身、防病、治病的作用。这是古代蒙古人从长期的生活实践中总结出来的饮食疗法的前身，在《蒙古秘史》中也有这方面的记载。

饮膳太医忽思慧

忽思慧，一译和斯辉，生卒年月不详，元代人（一说为元代回回人）。元仁宗延祐年间（1314～1321）曾担任元代宫廷的饮膳太医，负责侍奉皇后与皇太后的饮膳。忽思慧是一位很有成就的营养学家，在我国食疗史以至医药发展史上占有重要的地位。

忽思慧担任宫廷饮膳太医多年，负责宫廷中的饮食调理、养生防病。在掌管皇室饮食营养卫生的同时，他重视食疗与食补的研究与实践，广泛收集了前代著名本草著作与名医经验中的食疗学成就。由于在朝廷中供职，他有条件将历代宫廷的食疗经验加以总结整理，并注意汲取民间日常生活中的饮食调养方法，在饮食保健方面积累了丰富的经验。正是在这种情况下，他编撰成了营养学名著《饮膳正要》。时至今日，《饮膳正要》仍有重要的参考研究价值，如忽思慧在书中所列举的许多有效的解救食物中毒的办法，有的至今仍在沿用。

翻开我国饮食营养和药膳学的历史，必然要把忽思慧所著的《饮膳正要》摆上极其重要的地位，它是我国现存最早的营养学专著。该书虽以介绍蒙古民族饮食烹饪方法为主，对当时蒙古、汉、回、藏等民族的各种饮食经验，多种饮食烹饪方法和饮食疗法也兼收并蓄，不仅为元代宫廷的食谱，也是中国古代食疗学的专著。

全书分为三卷，卷一讲的是诸般禁忌、聚珍异馔。卷二是介绍诸般汤煎、食疗诸病及食物相反、中毒等。卷三介绍了米谷品、兽品、禽品、鱼品、果菜品和料物等。它除阐述各钟饮食的烹饪方法外，还特别注重阐述各种饮食的性味与滋补作用，也就是饮食与营养卫生的关系。其论述食疗保健方面的内容非常全面，从养生食忌、妊娠食忌、乳母食忌到婴幼儿保健、成人养生和老年人的摄食保养，从四时所宜、五味偏走、服药禁忌到食物利害、食物相反、食物中毒等理论知识，包括了二百多种饮食疗法和烹调方法。不但文字记载详细，还附有插图168幅，总计养生、疗疾、饮膳方多达238首。始终贯穿着养生辨证法，其中许多论点已为现代科学所证实。

《饮膳正要》中第一次记载了"食物中毒"这一术语，这是划时代的进步。作者对饮食卫生也很重视，例如主张不食不洁或变质食物，防止病从口入。书中引用的"烂煮面，软煮肉，少饮酒，独自宿"的养生主张，至今也都有着重要的意义。

忽思慧主张寓治病于日常饮食之中，在《饮膳正要》第一篇便举出"养生避忌"来，他认为"保养之道，莫若守中"，"守中，则无'过'与'不及'之病"，意思是说保持身体与外界的平衡对养生很重要，饮食起居要有规律，劳逸要适度，即"善摄生者，蔼滋味，省思虑，节嗜欲"等。忽思慧还大力提倡"食饮有节"，要求"先饥而食，食勿令饱。先渴而饮，饮勿令过。食欲数少，不欲顿而多"。[一] 中国

[一] 内蒙古自治区社会科学院历史所：《蒙古民族通史》，上册，民族出版社，1989年。

饮食文化中一个积弊甚深的现象就是有人吃得过饱，吃得生病，所以《饮膳正要》中的这些饮食思想，确实值得发扬光大。

针对元代皇帝饮食中过分追求五味的现象，忽思慧又提出了"五味偏走"的学说。他根据一些病例指出："多食咸，骨气劳短，肺气折，则脉凝泣而变色。肝病禁食辛，宜食粳米，牛肉、葵菜之类"，这些观点，完全合于现代医学理论。他主张"五味调和，饮食口嗜，皆不可多也，多者生疾，少者生益，百味珍馔，日有慎节，是为上者"[一]。《饮膳正要》较之前代的食疗著作，最突出的贡献在于，作者根据元代皇室和贵族们的饮食习惯和特点，从营养卫生学角度提出了不少关系人们健康的重要观点，特别是作者主张以预防为主的思想，"治未病，不治已病"之说（《饮膳正要自序》）[二] 是极有见地的，因而此书在中国古代养生史上占有十分重要的地位。

《饮膳正要》是迄今所知记录元代宫廷御膳与民间疗法最为翔实之书，不仅较为全面地反映了元代宫廷的饮食生活概况，而且也是我国最早从营养卫生和健康长寿角度来论证烹饪调和的一部文献。书中保存的食谱是元代宫廷饮食生活的一面镜子，既有历史特色，更有民族特色，对于了解元代宫廷的饮食状况，发掘我国古代的名菜名点都有重要的参考价值。

忽思慧饮膳正要　卷一

[一] [二] 内蒙古自治区社会科学院历史所：《蒙古民族通史》，上册，民族出版社，1989年。

養生避忌

夫上古之人其知道者法於陰陽和於術數食飲有
節起居有常不妄作勞故能而壽令時之人不然也
起居無常飲食不知忌避亦不慎節多嗜慾厚滋味
不能守中不知持滿故半百衰者多矣夫安樂之道
在乎保養保養之道莫若守中守中則無過與不及
之病春秋冬夏四時陰陽生病起於過與盖不適其
性而強故養生者既無過耗之獎又能保守真元何
患乎外邪所中也故善服藥者不若善保養不善保
養不若善服藥世有不善保養又不能善服藥倉卒

病生而歸咎於神天乎善攝生者薄滋味省思慮節
嗜慾戒喜怒惜元氣簡言語輕得失破憂阻除妄想
遠好惡收視聽勤內固不勞神不勞形神形既安病
患何由而致也故善養性者先飢而食食勿令飽先
渴而飲飲勿令過食欲數而少不欲頓而多蓋中
饑饑中飽飽則傷肺饑則傷氣若食飽不得便臥即
生百病
凡熱食有汗勿當風發痙病頭痛目澀多睡
夜不可多食
　卧不可有邪風
凡食訖溫水漱口令人無齒疾口臭

凡夜臥兩手摩令熱摩面不生瘡黑
一呵十搓一搓十摩久而行之皺少顏多
凡清旦以熱水洗目平日無眼疾
凡清旦刷牙不如夜刷牙齒疾不生
凡清旦塩刷牙平日無齒疾
凡夜臥被髮梳百通平日頭風少
凡夜臥濯足而臥四肢無冷疾
盛熱來不可冷水洗面生目疾
凡枯木大樹下久陰濕地不可久坐恐陰氣觸人
立秋日不可澡浴令人皮膚麤燥因生白屑

常黙元氣不傷
　少思慧燭內光
不怒百神安暢
　不惱心地清涼
樂不可極慾不可縱

汗出時不可扇生偏枯　勿向酉止大小便

勿忍大小便令人成膝勞冷痹痛

勿向星辰日月神堂廟宇大小便

夜行勿歌唱大叫

一月之忌晦勿大醉　一日之忌暮勿飽食

終身之忌勿燃燈房事　一歲之忌暮勿遠行

服藥千朝不若獨眠一宿

如本命日及父母本命日不食本命所屬肉

凡人立必要正立使直其身

凡人坐必要端坐使正其心

立不可久立傷骨　坐不可久坐傷血

凡遇風雨雷電必須閉門端坐焚香恐有諸神過

怒不可暴怒生氣疾惡瘡

遠唾不如近唾近唾不如不唾

虎豹皮不可近肉鋪損人目

避色如避箭避風如避讎莫暮不可爐竈空心茶火食申後粥

古人有云入廣者朝不可虛暮不可實然不獨廣凡

早皆忌空腹

古人云爛煮麵軟煮肉少飲酒獨自宿

古人平日起居而攝養令人待老而保生蓋無益

凡夜臥兩手摩令熱揉眼永無眼疾

行不可久行傷筋

視不可久視傷神　卧不可久卧傷氣

如患目赤病切忌房事不然令人生內障

沐浴勿當風滕理百竅皆開切忌邪風易入

不可登高履奔走車馬氣亂神驚覓魂飛散

大風大雨大寒大熱不可出入妄為　凡日光射勿凝視損人目

口勿吹燈火損氣　食飽勿洗頭生風疾

勿望遠極目觀損眼力　坐卧勿當風濕地

夜勿燃燈睡覓魄不守　晝勿睡損元氣

食勿言寢勿語恐傷氣　凡遇神堂廟宇勿得輒入

蒙古民族饮食文化

妊娠食忌

上古聖人有胎教之法古者婦人姙子寢不側坐不
邊立不踞不食邪味割不正不食席不正不坐目不
視邪色耳不聽淫聲夜則令瞽誦詩道正事如此則
生子形容端正才過人矣故太任生文王聰明聖哲
聞一而知百皆胎教之能也聖人多感生姙娠故忌
見喪孝破體殘疾貧窮之人宜見賢良喜慶美觀之
事欲子多智觀看鯉魚孔雀欲子美麗觀看珠美
玉欲子雄壯觀看飛鷹走犬如此善惡猶感况飲食
不知避忌乎

妊娠所忌

食兔肉令子無聲缺唇　食山羊肉令子多疾

食鷄子乾魚令子多瘡　食桑椹鴨子令子倒生

食雀肉飲酒令子心淫情亂不顧羞恥

食鷄肉糯米令子生寸白虫

食雀肉豆醬令子面生黑䵟

食鼈肉令子項短　　食驢肉令子延月

食騾肉令子難産

食冰漿絶産

124

毋不欲多怒怒則氣逆乳之令子顛狂
毋不欲醉醉則發陽乳之令子身熱腹滿
毋若吐時則中虛乳之令子虛羸
毋有積熱蓋赤黃為熱乳之令子變黃不食
新房事勞傷乳之令子瘦瘁交脛不能行
毋勿太飽乳之
毋勿太飢乳之
毋勿太寒乳之
毋勿太熱乳之
子有瀉痢腹痛夜啼疾

乳母食忌

凡生子擇於諸母必求其年壯無疾病慈善性質寬
裕溫良詳雅寡言者使為乳母子在於母資乳以養
亦大人之飲食也善惡相習兒乳食不遂母性若子
有病無病亦在乳母之慎口如飲食不知避忌倘不
慎行貪爽口而忘身適性致疾使子受患是母令子
生病矣

乳母雜忌

夏勿熱暑乳則子偏陽而多嘔逆
冬勿寒冷乳則子偏陰而多咳痢

飲酒避忌

酒味苦甘辛大熱有毒主行藥勢殺百邪去惡氣通血脉厚腸胃潤肌膚消憂愁少飲尤佳多飲傷神損壽易人本性其毒甚也醉飲過度喪生之源飲酒不欲使多知其過多速吐之為佳不爾成痰疾醉勿酩酊大醉即終身百病不除酒不可久飲恐腐爛腸胃漬髓蒸筋醉不可當風臥生風疾醉不可向陽臥令人發狂醉不可令人扇生偏枯醉不可露臥生冷痹醉而出汗當風為漏風醉不可臥黍穰生癩疾

醉不可忍小便成癃閉膝勞冷痹空心飲酒醉必嘔吐酒忌諸甜物醉不可強舉力傷筋損力飲酒時大不可食豬羊腦大損人煉真之士尤宜忌醉不可當風乘凉露脚多生脚氣醉不可臥濕地傷筋骨生冷痹痛醉不可澡浴多生眼目之疾如患眼疾人切忌醉酒食蒜

醉不可忍大便生腸澼痔酒醉不可食豬肉生風

醉不可強食嗔怒生癰疽醉不可走馬及跳躑傷筋骨醉不可接房事小者面生䵟𪐝大者傷臟澼痔疾醉不可冷水洗面生瘡醉酲不可再投損後又損醉不可高呼大怒令人生氣疾酶勿大醉忌月空醉不可便臥面生瘡癬內生積聚大醉勿燃燈叫恐魂魄飛揚不守醉不可飲酪水成噎病醉不可飲冷漿水失聲成尸噎飲酒漿照醉不見人影勿飲

蒙古民族饮食文化

馬思荅吉湯

補益溫中順氣

　羊肉一脚子卸成事件　草果五箇　官桂二錢

　回回豆子半升搗碎去皮

右件一同熬成湯濾淨下熟回回豆子二合香

粳米一升馬思荅吉一錢塩少許調和勻下

事件肉芫荽葉

大麥湯

温中下氣壮脾胃止煩渇破冷氣去腹脹

忽思慧饮膳正要　卷二

生津止渴解化酒毒去濕

烏梅取肉一兩半　白梅取肉一兩半　乾木瓜一兩半

紫蘇葉半兩　甘草炙一兩　檀香二錢　麝香研一錢

右為末入麝香和勻沙糖為丸如彈大每服一丸噙化

人參湯代酒飲

生津止渴暖精益氣

北五味淨肉一斤紫蘇葉六兩　人參四兩蘆剉去　沙糖二斤

右件用水二斗熬至一斗濾去滓澄清任意服之

五味子湯代葡萄酒飲

生津止渴益氣和中去濕逐飲

桂漿

生津止渴益氣和中去濕逐飲

生薑三斤取汁　熟水二斗　赤茯苓三兩去皮為末　桂皮三兩去為末

麴末半斤　杏仁一百箇湯洗去皮尖生研為泥　大麥糵半兩為末

白沙蜜三斤煉淨

右用前藥蜜水拌和勻入淨磁罈內油紙封口數重

泥固濟冰窨內放三日方顛綿濾冰浸暑月飲之

桂沈漿

去濕逐飲生津止渴順氣

順氣開胃膈止渴生津

新羅參四兩蘆剉去　橘皮去白一兩　紫蘇葉二兩

沙糖一斤

右件用水二斗熬至一斗去滓澄清任意飲之

仙术湯

去一切不正之氣溫脾胃進飲食辟瘟疫除寒濕

蒼术一斤米泔浸三日竹刀子切片焙乾為末　茴香二兩炒

甘草二兩炒為末　白麵炒一斤　乾棗二升焙乾為末　塩炒四兩

右件一同和勻每日空心白湯點服

杏霜湯

紫蘇葉一兩剉　沈香三錢剉　烏梅取肉一兩　沙糖六兩

右件四味用水五六椀熬至三椀濾去滓入桂漿一

升合和作漿飲之

荔枝膏

生津止渴去煩

烏梅半斤取肉　桂去皮十兩剉　沙糖二十六兩　麝香研半錢

生薑五兩熟蜜十四兩

右用水一斗五升熬至一半濾去滓下沙糖生薑汁

再熬去粗澄定少時入麝香攪勻澄清如常任意服

梅子丸

神仙服食

鐵甕先生瓊玉膏

此膏填精補髓腸化為筋萬神具足五藏盈溢髓
血滿髮白變黑返老還童行如奔馬日進數服終
日不食亦不飢開通強志日誦萬言神識高邁夜
無夢想人年二十七歲以前服此一料可壽三百
六十歲四十五歲以前服者可壽二百四十歲以
十三歲以前服者可壽一百二十歲六十四歲以
上服者可壽百歲服之十劑絕其慾修陰功成地
仙笑一料分五處可救五人癱疾分十處可救十

入勞瘵修合之時沐浴至心勿輕示人

新羅參去蘆 二十四兩　生地黃 十六斤汁

白茯苓去黑皮 四十九兩　白沙蜜 十斤煉淨

右件人參茯苓為細末蜜用生絹濾過地黃取自然
汁搗時不用銅鐵器取汁盡去滓用藥一慶拌和勻
入銀石器或好磁器內封用淨紙二三十重封閉入
湯內以桑紫火煑三晝夜取出用蠟紙數重包瓶口
入井口去火毒一伏時取出再入舊湯內煑一日出
水氣取出開封取三匙作三盞祭天地百神焚香設
拜至誠端心每月空心酒調一匙頭

春宜食麥

四時所宜

春三月此謂發陳天地俱生萬物以榮夜卧早起廣
步於庭被髮緩形以使志生生而勿殺予而勿奪賞
而勿罰此春氣之應養生之道也逆之則傷肝夏為
寒變奉長者少

春氣溫宜食麥以凉之不可一於溫也禁溫飲食及
熱衣服

夏宜食菽

夏三月此謂蕃秀天地氣交萬物華實夜卧早起無
厭於日使志無怒使華英成秀使氣得泄若所愛在
外此夏氣之應養長之道也逆之則傷心秋為痎瘧
奉收者少冬至重病

夏氣熱宜食菽以寒之不可一於熱也禁溫飲食飽
食濕地濡衣服

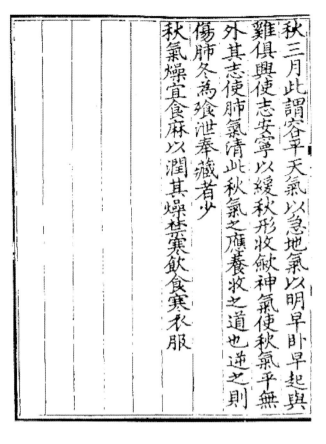

秋三月此謂容平天氣以急地氣以明早卧早起與
雞俱興使志安寧以緩秋形收歛神氣使秋氣平無
外其志使肺氣清此秋氣之應養收之道也逆之則
傷肺冬為飧泄奉藏者少

秋氣燥宜食麻以潤其燥禁寒飲食寒衣服

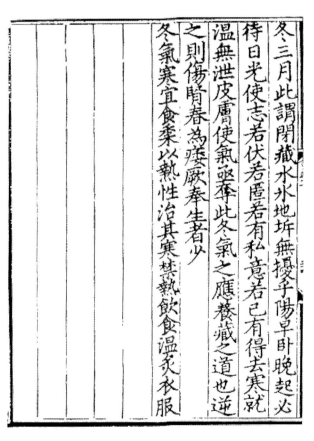

冬宜食黍

冬三月此謂閉藏水冰地坼無擾乎陽早卧晚起必
待日光使志若伏若匿若有私意若已有得去寒就
溫無泄皮膚使氣亟奪此冬氣之應養藏之道也逆
之則傷腎春為痿厥奉生者少

冬氣寒宜食黍以熱性治其寒禁熱飲食溫炙衣服

五味偏走

酸澀以收多食則膀胱不利為癃閉

苦燥以堅多食則三焦閉塞為嘔吐

辛味薰蒸多食則上走於肺榮衛不時而心洞

鹹味湧泄多食則外注於脉胃竭咽燥而病渴

甘味弱劣多食則胃柔緩而蟲過故中滿而心悶

辛走氣氣病勿多食辛

鹹走血血病勿多食鹹

苦走骨骨病勿多食苦

甘走肉肉病勿多食甘

酸走筋筋病勿多食酸

肝病禁食辛宜食粳米牛肉葵棗之類

心病禁食鹹宜食小豆犬肉李韭之類

脾病禁食酸宜食大豆豕肉栗藿之類

肺病禁食苦宜食小麥羊肉杏薤之類

腎病禁食甘宜食黃黍雞肉桃葱之類

多食酸肝氣以津脾氣乃絕則肉胝膶而唇揭

多食鹹骨氣勞短肌氣折則脉凝泣而變色

多食甘心氣端滿色黑腎氣不平則骨痛而髮落

多食苦脾氣不濡胃氣乃厚則皮槁而毛拔

多食辛筋脉沮弛精神乃央則筋急而爪枯

五穀為食○五菓為助○五肉為益○五菜為充

氣味合和而食之則補精益氣

雖然五味調和食飲口嗜皆不可多也多者生疾少

者為益百味珍饌日有慎節是為上矣

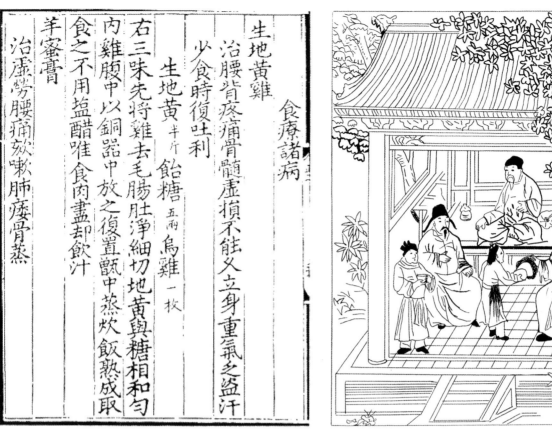

生地黃雞

食療諸病

治腰背疼痛骨髓虛損不能久立身重氣乏盜汗
少食時復吐利

生地黃半斤 飴糖五兩 烏雞一枚

右三味先將雞去毛腸肚淨細切地黃與糖相和勻
內雞腹中以銅器中放之復置甑中蒸炊飯熟成取
食之不用塩醋唯食肉盡却飲汁

羊蜜膏

治虛勞腰痛欬嗽肺痿骨蒸

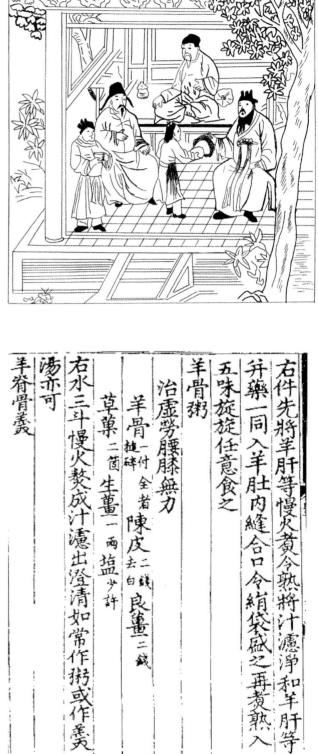

右件先將羊肝等慢灸煮令熟將汁濾淨和羊肝等
并藥一同入羊肚內縫合口令絹袋盛之再煮熟入
五味旋旋任意食之

羊骨粥

治虛勞腰膝無力

羊骨擂碎一付全者 陳皮去白二錢 良薑二錢

草菓二箇 生薑一兩 塩少許

右水三斗慢火熬成汁濾出澄清如常作粥或作羹
湯亦可

羊脊骨羹

熟羊脂五兩 熟羊髓五兩 白沙蜜五兩煉淨

生薑汁一合 生黃地汁五合

右五味先以羊脂煎令微沸次下羊髓又令沸次下蜜
地黃生薑汁不住手攪微火熬數沸成膏每日空心
溫酒調一匙頭或作羹湯或作粥食之亦可

羊藏羹

治腎虛勞損骨傷敗

羊肝肚腎心肺各一具湯洗淨牛酥一兩

胡椒一兩 蓽撥一兩 豉一合 陳皮去白二錢

良薑二錢 草菓兩箇 葱五莖

但服藥不可多食生芫荽及蒜雜生菜諸滑物肥猪
肉犬肉油膩物魚膾腥膻等物及忌見喪尸産婦淹
穢之事又不可食陳臭之物

服藥食忌

有木勿食桃李雀肉胡荽蒜青魚等物

有藥蘆勿食狸肉

有巴豆勿食蘆笋及野猪肉

有黃連桔梗勿食猪肉

有地黃勿食蕪荑

有半夏菖蒲勿食飴糖及羊肉

未不服藥又忌滿日

正五九月忌巳日

二六十月忌寅日

三七十一月忌亥日

四八十二月忌申日

有細辛勿食生菜

有甘草勿食菘菜海藻

有牡丹勿食生胡荽

有商陸勿食犬肉

有常山勿食生葱生菜

有空青朱砂勿食血 凡服藥通忌食血

有茯苓勿食醋

有鱉甲勿食莧菜

有天門冬勿食鯉魚

凡父服藥通忌

食物利害

盖食物有利害者可知而避之

麵有麰氣不可食

漿老而飯溲不可食　生料色臭不可用

諸肉非宰殺者勿食　貪肉不變色臭不可食

豬腦不可食　諸肉臭敗者不可食

諸羊疫死者不可食　凡祭肉自動者不可食

馬肝牛肝皆不可食　曝肉不乾者不可食

燒肉不可用桑柴火　兔合眼不可食

二月內勿食兔肉　獐鹿麋四月至七月勿食

諸肉脯忌米中貯之有毒

魚鮓者不可食

諸鳥自閉口者勿食

蝦不可多食無鬚及腹下丹煮　蟹八月後可食餘月勿食

之白者皆不可食　羊肝有孔者不可食

臘月脯臘之屬或經雨漏所漬蟲鼠齧殘者勿食

海味糟藏之屬或經濕熱損日月過久者勿食

六月七月勿食鷹　鯉魚頭不可食毒在腦中

諸肝青者不可食　五月勿食鹿傷神

九月勿食犬肉傷神　十月勿食熊肉傷神

不時者不可食　諸果核未成者不可食

諸果落地者不可食　諸果蟲傷者不可食

桃杏雙仁者不可食

甜瓜雙蒂者不可食　蓮子不去心食之成霍亂

蘑菰勿多食發病　諸瓜沉水者不可食

菜著霜者不可食　榆仁不可多食令人瞑

蔥不可多食令人虛　櫻桃勿多食令人發風

竹笋勿多食發病　芫荽勿多食令人多忘

三月勿食蒜昏人目　木耳赤色者不可食

九月勿食薑著霜　四月勿食胡荽生狐臭

十月勿食椒傷人心　五月勿食韭昏人五藏

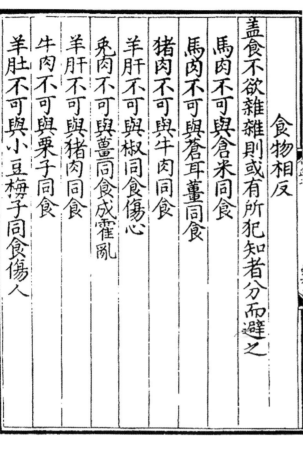

食物相反

蓋食不欲雜雜則或有所犯知者分而避之

馬肉不可與倉米同食

馬肉不可與蒼耳薑同食

猪肉不可與牛肉同食

兔肉不可與薑同食成霍亂

羊肝不可與椒同食傷心

羊肝不可與猪肉同食

牛肉不可與栗子同食

羊肚不可與小豆梅子同食傷人

野雞不可與蕎麵同食生虫

野雞不可與胡桃蘑菰同食

野雞卵不可與葱同食生虫

雀肉不可與李同食

雞子不可與生葱蒜同食損氣

雞肉不可與兔肉同食令人泄瀉

雞子不可與鱉肉同食

野雞不可與鯽魚同食

鴨肉不可與鱉肉同食

野雞不可與猪肝同食

鯉魚不可與犬肉同食

羊肉不可與魚膾酪同食

猪肉不可與羌妥同食爛人腸

馬妳子不可與魚膾同食生癥瘕

鹿肉不可與鮑魚同食

牛肝不可與鮎魚同食生風　麋肉脂不可與梅李同食

牛腸不可與犬肉同食

雞肉不可與魚汁同食生癥瘕

鵪鶉肉不可與猪肉同食面生黑

鵪鶉肉不可與菌子同食發痔

食物中毒

諸物品類有根性本毒者有無毒而食物成毒者有雜合相畏相惡相反成毒者人不戒慎而食之致傷腑臟和亂腸胃之氣或輕或重各隨其毒而爲害隨毒而解之

如飲食後不知記何物毒心煩滿悶者急煎苦參汁飲令吐出或煑犀角汁飲之或苦酒好酒煑飲皆良

食菜物中毒取鷄糞燒灰水調服之或甘草汁或煑葛根汁飲之胡粉水調服亦可

食瓜過多腹脹食塩即消

食蘑菰菌子毒地漿解之

食菱角過多腹脹滿悶可暖酒和薑飲之即消

食野山芋毒土漿解之

食瓠中毒煑黍穰汁飲之即解

食諸雜肉毒及馬肝漏脯中毒者燒猪骨灰調服或芫荽汁飲之或生韮汁亦可

食牛羊肉中毒煎甘草汁飲之

食馬肉中毒嚼杏仁即消或蘆根汁及好酒皆可

食犬肉不消成䐜脹口乾杏仁去皮尖水煑飲之

食魚膾過多成蟲瘕大黃汁陳皮末同塩湯服之

食蟹中毒飲紫蘇汁或冬苽汁或生藕汁解之乾蒜汁蘆根汁亦可

食魚中毒陳皮汁蘆根及大黃大豆朴消汁皆可

食鴨子中毒煑秫米汁解之

食鷄子中毒可飲醇酒醋解之

飲酒大醉不解大豆汁葛花椹子柑子皮汁皆可

食牛肉中毒猪脂煉油一兩每服一匙頭温水調下即解

食猪肉中毒飲大黃汁或杏仁汁朴消汁皆可解

禽獸變異

禽獸形類依本體生者猶分其性質有毒無毒者况
異像變生豈無毒乎倘不慎口致生疾病是不察矣

獸歧尾　馬蹄夜目　羊心有孔

鹿豹文　黑雞白首　肝有青黑

羊獨角　白羊黑頭　黑羊白頭　白馬青蹄

羊六角　白馬黑頭、　鷄有四距　白鳥黃首

馬生角　牛肝葉孤　蟹有獨螯　曝肉不燥

蝦無鬚　肉入水動　肉經宿暖　魚有眼睫

肉落地不沾土　　魚無腸膽腮

　　　　　　魚目開合及腹下丹

忽思慧饮膳正要　卷三

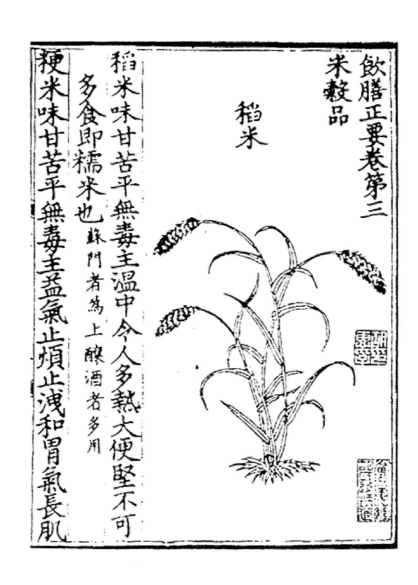

飲膳正要卷第三

米穀品

稻米

稻米味甘苦平無毒主溫中令人多熱大便堅不可多食即糯米也蘇門者為上釀酒者多用

粳米味甘苦平無毒主益氣止煩止洩和胃氣長肌

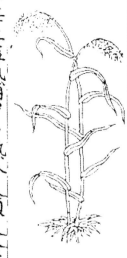

粱米味甘平無毒主益氣補中多熱令人煩久食昏

人五藏令人好睡肺病宜食

丹桼米味苦微溫無毒主欬逆霍亂止煩渴除熱

稷米味甘無毒主益氣補不足閼西謂之糜子米亦

謂稷米古者取其香可愛故以供祭祀

河西米味甘無毒補中益氣顆粒硬於諸米出本地

桑米

粟米味醎微寒無毒主養腎氣去脾胃中熱益氣陳

者良治胃中熱消渴利小便止痢唐本注云粟類

多種顆粒細如粱米搗細取勻淨者為浙米

肉即今有數種 有秫米 雪裹白 區子米 香子 紫米 香味充勝諸粳

米搗碎取其圓淨者為圓米亦作渴米

粱米

菉荳味甘寒無毒主丹毒風疹煩熱和五藏行經脉

白豆味甘平無毒主調中暖腸胃助經脉腎病宜食

大豆味甘平無毒殺鬼氣止痛逐水除胃中熱下瘀

血解諸藥毒作豆腐即寒而動氣

赤小豆味甘酸平無毒主下水排膿血去熱腫止瀉

痢通小便解小麥毒

菉荳

青粱米味甘微寒無毒主胃痹中熱消渴止洩痢益

氣補中輕身延年

白粱米味甘微寒無毒主除熱益氣

黃粱米味甘平無毒主益氣和中止洩唐本注云穗

大毛長穀米俱麄於白粱

粱米

芝麻

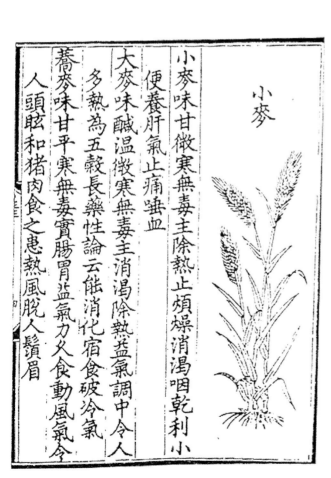

白芝麻味甘大寒無毒治虛勞滑腸胃行風氣通血脉去頭風潤肌膚食後生啖一合與乳母食之令子不生病

胡麻味甘微寒除一切痼疾父服長肌肉健人油利大便治胞衣不下備真秘旨云神仙服胡麻法父服面光澤不飢三年水火不能害行及奔馬

回回豆子

回回豆子味甘無毒主消渴勿與鹽煮食之出在回回地面苗似豆今田野中處處有之

青小豆味甘寒無毒主熱中消渴止下痢去腹脹產婦無乳汁爛煮三五升食之即乳多

豌豆味甘平無毒調順榮衛和中益氣

豇豆味甘微溫主和中補主霍亂吐下不止

小麥

小麥味甘微寒無毒主除熱止煩燥消渴咽乾利小便養肝氣止痛蠱血

大麥味醎溫微寒無毒主消渴除熱益氣調中令人多熱為五穀長藥性論云能消化宿食破冷氣

蕎麥味甘平寒無毒實腸胃益氣力父食動風氣令人頭眩和豬肉食之患熱風脫人鬚眉

蒙古民族饮食文化

能行走久服壯筋骨延年不老

膃肭臍酒治腎虛弱壯腰膝大補益人

小黃米酒性熱不宜多飲昏人五藏煩熱多睡

葡萄酒益氣調中耐飢強志酒有數等有西番者有哈剌火者有平陽太原者其味都不及

哈剌火者田地酒最佳

阿剌吉酒味甘辣大熱有大毒主消冷堅積去寒氣用好酒蒸熬取露成阿剌吉

速兒麻酒又名撥糟味微甘辣主益氣止渴多飲令人膨脹生痰

豉味苦寒無毒主傷寒頭痛煩燥滿悶

塩味鹹溫無毒主殺鬼疰蠱邪疰毒傷寒吐腎中痰癖止心腹卒痛多食傷肺令人咳嗽失顏色

酒味苦甘辣大熱有毒主行藥勢殺百邪通血脉厚腸胃潤皮膚消憂愁多飲損壽傷神易人本性酒有數般唯醞釀以隨其性

虎骨酒以酥炙虎骨搥碎釀酒治骨節疼痛風痙冷痹痛

枸杞酒以甘州枸杞依法釀酒補虛弱長肌肉益精氣去冷風壯腸道

等成群至於千數白黃羊生於野草內黑尾黃羊生於沙漠中能走善行走不成群其腦不可食髓骨可食骹補益人煮湯無味

山羊味甘平無毒補益人生山谷中

黏羺

黏羺味甘平無毒補五勞七傷溫中益氣其肉猪腥

地黃酒以地黃絞汁釀酒治虛弱壯筋骨通血脉治腹內痛

松節酒仙方以五月五日採松節剉碎煮水釀酒治冷風虛骨弱脚不能覆地

茯苓酒仙方依法茯苓釀酒治虛勞壯筋骨延年益壽

松根酒以松樹下撅坑置瓮取松根津液釀酒治風壯筋骨

羊羔酒依法作酒大補益人

五加皮酒五加皮浸酒或依法釀酒治骨弱不

牛

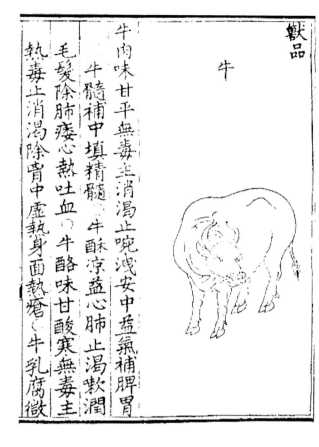

牛肉味甘平無毒主消渴止呃逆安中益氣補脾胃
牛髓補中填精髓○牛酥凉益心肺止渴欸潤
毛髮除肺痿心熱吐血○牛酪味甘酸寒無毒主
熱毒止消渴除胷中虛熱身面熱瘡○牛乳腐微

羊

寒潤五藏利大小便益十二經脉微動氣

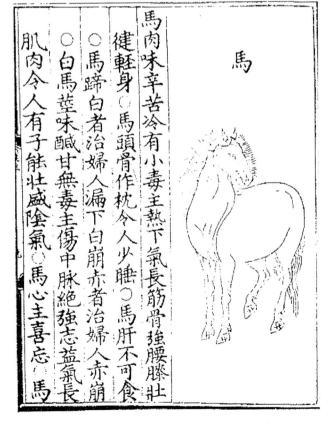

羊肉味甘大熱無毒主暖中頭風大風汗出虛勞寒
冷補中益氣○羊頭凉治骨蒸腦熱頭眩瘦病○
羊心主治憂恚膈氣○羊肝性冷療肝氣虛熱目
赤闇○羊血主治女人中風血虛產後血暈悶欲

馬

馬肉味辛苦冷有小毒主熱下氣長筋骨強腰壯
健輕身○馬頭骨作枕令人少睡○馬肝不可食
○馬蹄白者治婦人漏下白崩赤者治婦人赤崩
○白馬莖味鹹甘無毒主傷中脉絕強志益氣長
肌肉令人有子能壯盛陰氣○馬心主喜忘○馬

黃羊

絕者生飲一升○羊五藏補人五藏○羊腎補腎
虛益精髓○羊骨熱治虛勞寒中羸瘦○羊髓味
甘溫主治男女傷中陰氣不足利血脉益經氣○
羊腦不可多食○羊酪治消渴補虛乏

黃羊味甘溫無毒補中益氣治勞傷虛寒其種類夥

栗味醎溫無毒主益氣厚腸胃補腎虛炒食壅人氣

棗

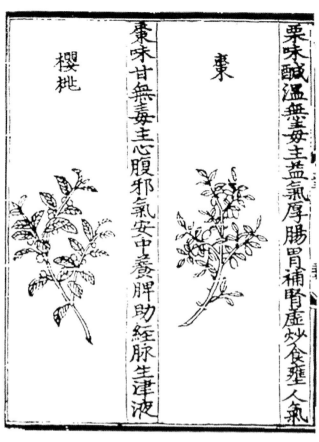

棗味甘無毒主心腹邪氣安中養脾助經脉生津液

櫻桃

杏味酸不可多食傷筋骨杏仁有毒主欬逆上氣

柑

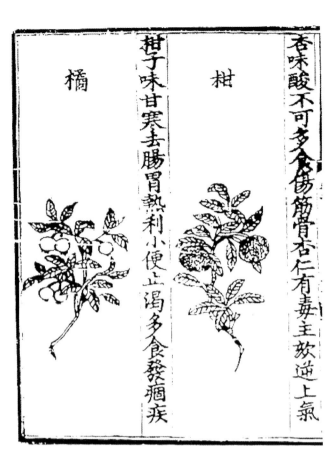

柑子味甘寒去腸胃熱利小便止渴多食發痼疾

橘

櫻桃味甘主調中益脾氣令人好顏色暗風人忌食

葡萄

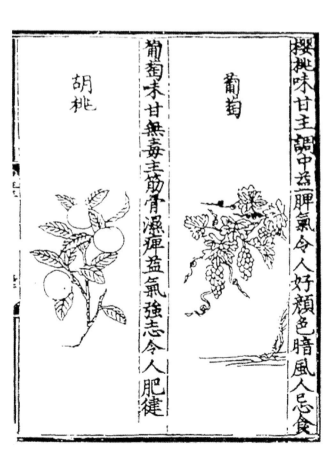

葡萄味甘無毒主筋骨濕痺益氣強志令人肥健

胡桃

橘子味甘酸無毒溫止嘔下氣利水道去胷中瘕熱

橙

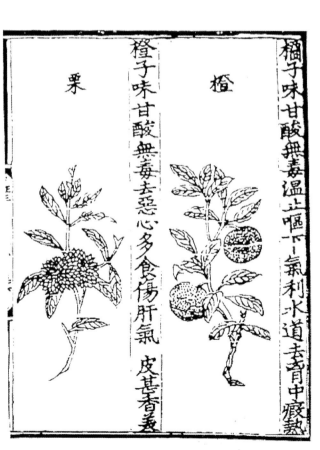

橙子味甘酸無毒去惡心多食傷肝氣 皮甚香美

栗

胡桃味甘無毒食之令人肥健潤肌黑髮多食動風

松子

松子味甘温無毒治諸風頭眩散水氣潤五藏延年

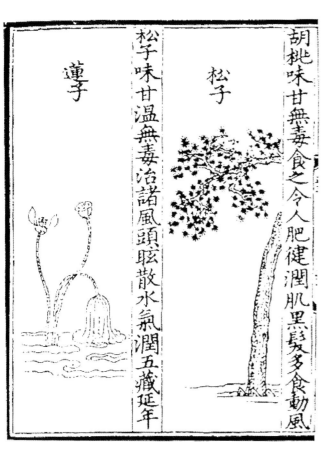

蓮子

橄欖味酸甘温無毒主消酒開胃下氣止渴

楊梅味酸甘温無毒主去痰止嘔消食下酒

楊梅

榛子

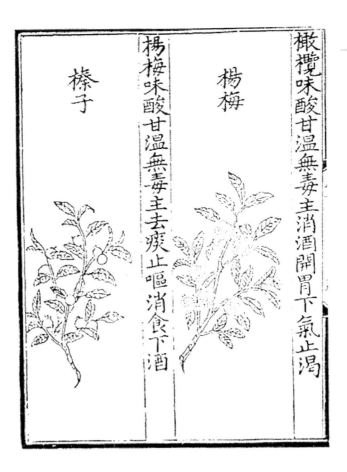

蓮子味甘平無毒補中養神益氣除百疾輕身不老

雞頭

雞頭味甘平無毒主濕痺腰膝痛補中除疾益精氣

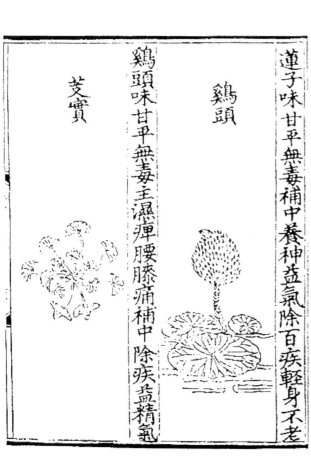

芡實

榛子味甘平無毒益氣力寬腸胃健行令人不飢

榧子味甘無毒主五痔去三虫蠱毒見莊

榧子

沙糖

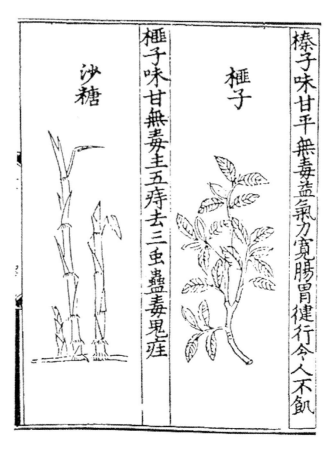

各种版本的《饮膳正要》

《饮膳正要》

元·忽思慧 撰　王云五 主编
民国六十年十一月第一版
台湾商务印书馆

《饮膳正要》 第二集七百种

元·忽思慧 撰　王云五 主编
民国二十四年三月初版
上海商务印书馆

《饮膳正要》

元·忽思慧　撰

中国书店

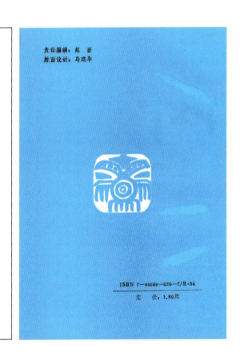

《饮膳正要》

元·忽思慧　撰　黄斌　校正

中国书店

肆 蒙古民族的饮食加工

谈到蒙古民族饮食加工,大多与乳制品加工有关。以游牧为生活方式的蒙古民族在几千年的游牧生活中形成了诸多的奶制品加工方法。锡林郭勒盟位于内蒙古的中部地区。这里对游牧生活传统的保留比较完整。为此我们在这里主要以锡林郭勒地区为例介绍蒙古民族饮食加工。锡林郭勒盟的南部主要居住着察哈尔部。察哈尔部落的饮食习惯和其他游牧部落的饮食习惯有共性的同时还有一定的特性。比如他们和其他部落一样爱吃奶豆腐(huruud),北部的旧锡林郭勒地带比如阿巴嘎、苏尼特等部落制作的奶豆腐多为酸奶豆腐,但察哈尔部落或克什克腾部落多制作白色奶豆腐。这种的特性可能和他们的地理位置和特殊的历史使命有一定的关系。从地理环境来讲,这里多干旱,但气候比较凉爽,适合于制作厚而白的奶豆腐。从历史原因来讲察哈尔部落的有些地方清朝时期为皇宫提供奶制品[一],为此他们必须把奶豆腐做得好看。北部的阿巴嘎、苏尼特等部落多制作酸奶豆腐,蒙古语称aara。这里简单介绍他的制作方法。牧民把牛奶发酵后一般经过两个途径来进行进一步的深加工,一个是酿制奶酒,另一个是制作aara。制作后者的方法为把发酵的牛奶烧开后装进纱布袋,悬挂一段时间,让水分自然蒸发,后把剩余部分用布包裹后用木板夹压,使其成型,再用刀或线切割。而察哈尔或其他一些部落里制作的白奶豆腐是把挤来的牛奶倒入容器,等牛奶自然发酵变稠,取出浮在上面的奶油,然后把发酵的酸牛奶倒入锅中慢火熬煮,进行分离,把水分挤出后把剩余部分装入模子,成型后取出晒干,就成为厚而白的奶豆腐。这种奶豆腐含有丰富的蛋白质,脂肪含量也比较高,为寒冷地区的人们提供不可缺少的营养。根据在20世纪30年代在察哈尔地区做过生态人类学调查的梅棹忠夫提供的资料,奶豆腐的蛋白质含量高达62.53%,而脂肪含量达20.81%[二]。

　　中部地区的奶食品的种类也很丰富。下面以锡林郭勒阿巴嘎旗依和高勒苏木为例来介绍奶食品的几种加工过程。

牛奶食品加工（一）

制作过程	发酵	搅拌	蒸馏	捞	储存
食品名称	酸奶	酸奶油	奶酒	酸奶豆腐	乳水
食用方法	饮用	食用	饮用	食用	调味、浸泡皮革

[一] 布仁毕力格著：《察哈尔正白牛羊群》，第5~7页，正蓝旗政协文史委，2003年。

[二] 梅棹忠夫著，色音等译：《蒙古游牧文化的生态人类学研究》，第249页，内蒙古人民出版社，2001年。

牛奶食品加工（二）

制作过程	发酵	——	蒸馏	捞	储存
食品名称	酸奶	——	奶酒	酸奶豆腐	乳水
食用方法	饮用	——	饮用	食用	调味、浸泡皮革

牛奶食品加工（三）

制作过程	发酵	撇	煮	蒸馏（乳水加奶）	加牛奶
食品名称	酸奶	稀奶油	奶豆腐	奶酒	酸奶豆腐
食用方法	饮用	食用	食用	饮用	食用

牛奶食品加工（四）

制作过程	发酵	撇	加热稀奶油	加热
食品名称	酸奶	稀奶油	黄油	奶油渣子
食用方法	饮用	食用	食用、调味	食用、调味

牛奶食品加工（五）

制作过程	加热	奶皮分离	加牛奶渣
食品名称	奶皮	黄油	白油
食用方法	食用	食用	食用

牛奶食品加工（六）

制作过程	发酵	加热	搅拌	夹压
食品名称	酸奶			奶豆腐
食用方法	饮用			食用

制作过程	加热	酸化	发酵	加热	夹压
食品名称	熟乳				奶豆腐
食用方法	饮用				食用

根据上述表格，阿巴嘎旗的牧民对牛奶的加工方面，掌握有发酵、加热、搅拌、夹压、酸化、分离、撇、煮、捞、添加、蒸馏等十多种加工工序，而且利用这些加工方法把牛奶加工成酸奶、酸奶油、奶酒、酸奶豆腐、乳水、奶油、奶豆腐、奶油渣、奶皮、黄油、白油、熟乳（蒙古语品名）等二十余种奶食品。这里的牧民在每年春天，母牛开始产奶就开始发酵酸牛奶的工作。发酵酸牛奶时，一般家庭都使用去年入冬时保留的酸奶酵母，如果家里没有酸奶酵母时，就带上新鲜牛奶，到亲朋好友家请来酸奶酵母，这种仪式叫做请酸牛奶酵母（höröngö zhalahu）。到了朋友家，在带去的新鲜牛奶里搅拌酸牛奶酵母后，回家的路上车不得中途停，一直走到家。据察哈尔地区的牧民介绍说，车马如果在中途停顿，会影响酸牛奶质量。从上表可以看到，很多的奶制品制作过程，起初都是从这个酸牛奶开始。所以，对牧民来讲这种酸牛奶发酵是一个非常重要的程序。

根据文献记载，就奶食品的加工种类方面，内蒙古中部或察哈尔地区内部也存在些许的差距。比如中部地区南段的巴林、翁牛特等部落的奶食品种类没有北部多。

蒙古民族饮食文化

牵牛犊

挤奶

发酵

储奶

制作奶豆腐（沥出酸汤）

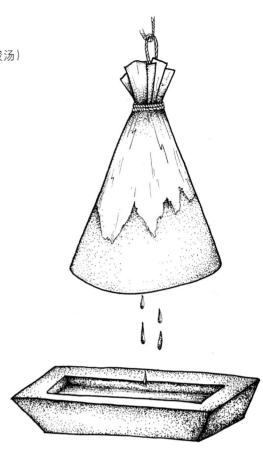

挤压

奶豆腐

线割块

刀切割

线切割

晾晒

奶豆腐条

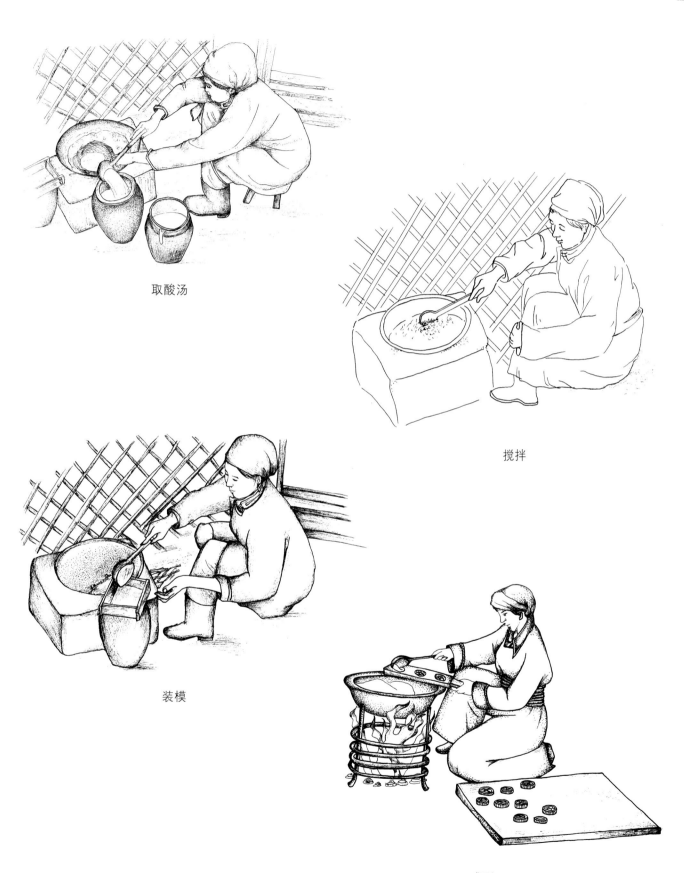

取酸汤

搅拌

装模

成型

蒙古民族饮食文化

三花纹奶豆腐模

近代
木
长33.3厘米　宽8.2厘米
厚4.7厘米
原件藏于内蒙古博物馆

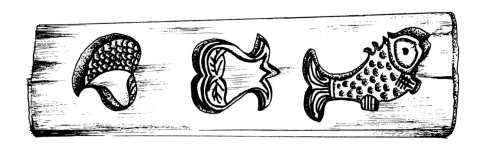

石榴鱼纹奶豆腐模

近代
木
长39.5厘米　宽9.7厘米　厚4.7厘米
原件藏于内蒙古博物馆

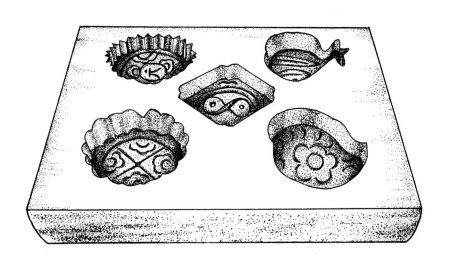

吉祥纹奶豆腐模

长31.7厘米　宽26.6厘米
原件藏于内蒙古大学民族博物馆

双面四纹奶豆腐模

近代

木

长22.9厘米　宽6.7厘米　厚3.8厘米

内蒙古博物馆藏

方型盘肠纹奶豆腐模

近代

木

宽19厘米　厚6.3厘米

原件藏于内蒙古博物馆

四云纹方型奶豆腐模

近代
木
长18.7厘米　宽18.7厘米　厚9.9厘米
内蒙古博物馆藏

奶豆腐

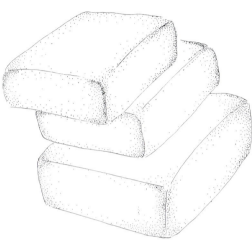

由于察哈尔和北部的阿巴嘎、阿巴哈纳尔（今锡林浩特市）、苏尼特、乌珠穆沁等地区的草场宽广，适合于饲养马群，部分地区至今保留了放养马群、挤马奶和发酵马奶酒（čege）的习惯。挤马奶一般在7～8月份进行，期间牧民把马群放养在自己居住地附近，把马驹拴在拉绳上，从上午9点到下午的4点之间分数次（约四次）挤马奶。挤马奶一般是男人完成。站在马的左侧，一手拿着奶桶，一手挤奶。马奶里含有多种维生素以及人体所需微量元素等营养物质，可医治消化系统的疾病或肺结核等疾病[一]。马奶的营养价值虽然很高，但由于近年来受到内蒙古地区人口增长，耕地面积扩大，牧场缩小及干旱、围栏、禁牧等种种因素的制约，马群的饲养受到极大的限制，放养马群受到自然或人为的阻力，可称为是真正绿色食品的马奶生产受到了影响，它的传统生产工艺也面临着失传的危机。如果不采取相应的措施来保护，不久的将来我们可能只在纸面上看到这种风俗习惯。

挤马奶

挤马奶

[一] 散普拉教日布著：《蒙古族饮食文化》，第135-175页，辽宁民族出版社，1997年。

蒙古族妇女挤马奶

蒙古族男子挤马奶

过滤马奶

同奶制品相比较,肉制品的加工程序并不复杂。蒙古族家畜屠宰法一般采取开胸后用手切断背部主动脉。血液流到胸腔内,把皮拨去后,倒出血液。血液里加面粉和调味品,即灌血肠,冬季冷冻储存,可以煮熟后食用。屠宰后的家畜一般按各部位分开。而后将羊肉冷冻储存。肉制品的另一种储存方法为风干。初冬时期,把屠宰后的家畜肉切成约五厘米厚的长条,挂在阴凉通风的储藏室等地晾晒,等到春天,气候变暖,肉制品缺少的时候开始食用。

蒙古族的传统宰杀——掏心

剥皮

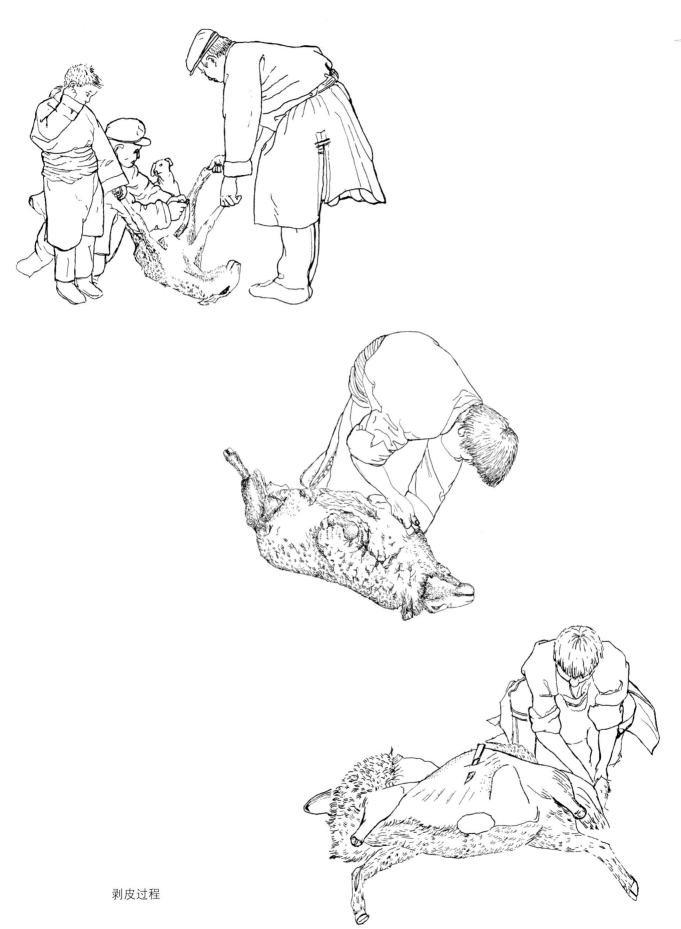

肆·蒙古民族的饮食加工

剥皮过程

蒙古民族饮食文化

开膛

掏内脏

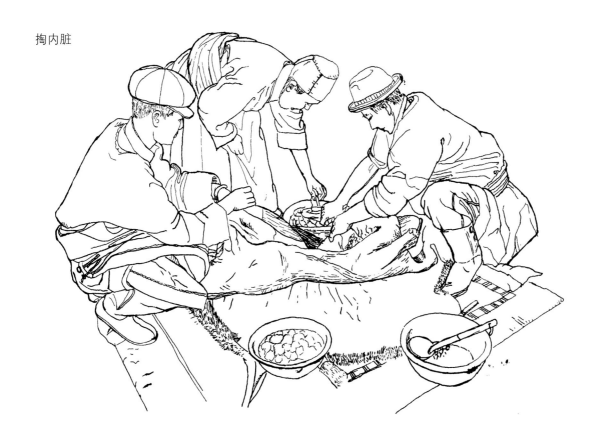

清出腹腔中的羊血

清理羊肠

清洗羊肠

灌制血肠

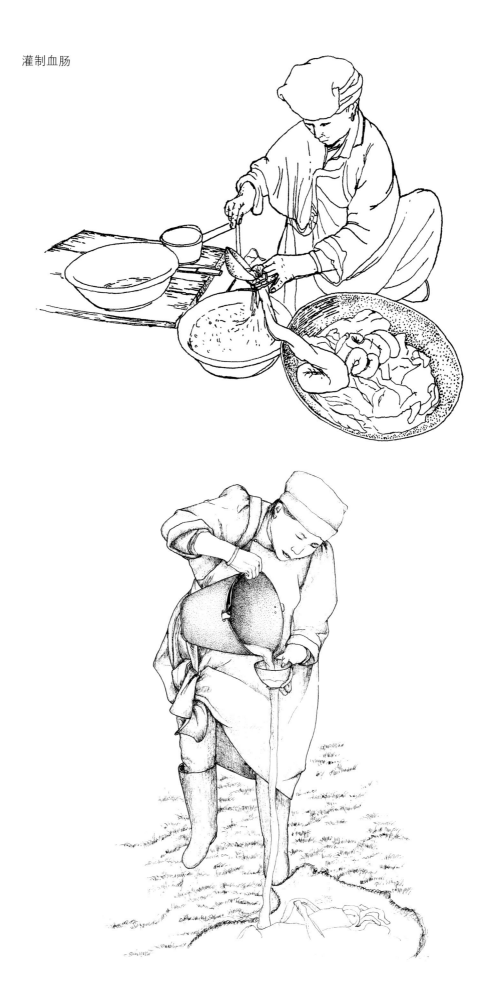

蒙古民族饮食文化

煮血肠

血肠、手扒肉

切割肉条

蒙古民族饮食文化

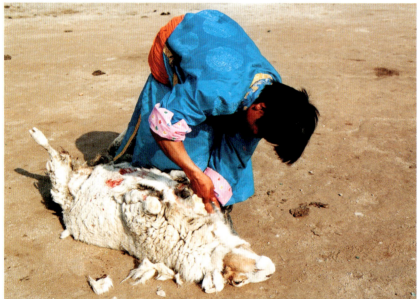

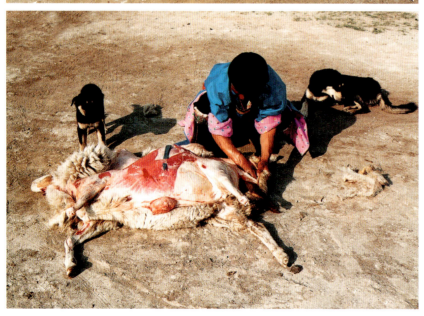

开膛

清理内脏

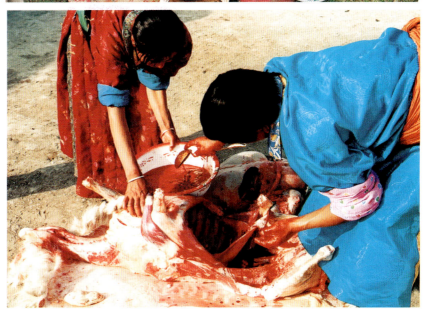

清出腹腔中的羊血

蒙古民族饮食文化

清理

灌制血肠

蒙古民族饮食文化

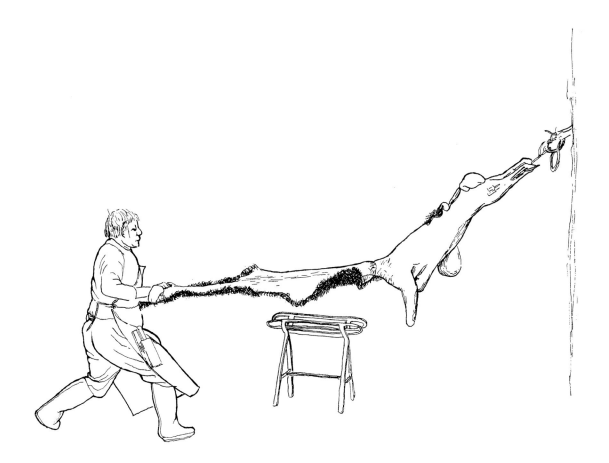

剥皮

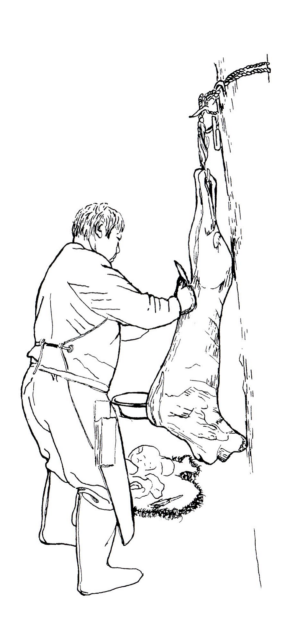

剔羊

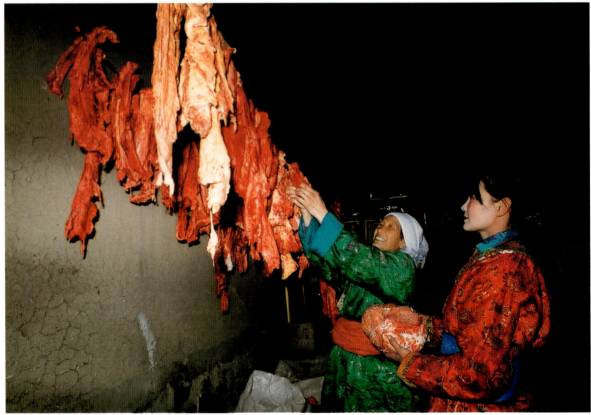

冬储

晾晒肉条

储存肉条

伍 蒙古民族的饮食器皿

蒙古民族饮食器皿有它独特的特征。从制造的材料方面来讲，除使用从内地传入的瓷器之外，多使用木料、铜、铁、银等金属材料制作饮食器皿。还使用桦树皮、动物皮革制作各种容器，这和蒙古民族的游牧传统有着不可分割的关系。游牧民族日常生活中多迁徙，因此不适合于使用容易破碎的器皿。蒙古地区的瓷器加工业并不发达，而木加工、铁加工、银加工等手工业比较发达，因此我们经常看到精美的银制器皿。而且制造木制器皿和皮制器皿的生产材料比较容易取得，游动生活中使用木、铁制作的器皿轻便且不易碎，使用起来也方便。

蒙古民族民俗学家罗布桑悫丹在他的《蒙古风俗鉴》中谈到："蒙古民族自古至今重用木制器皿。蒙古人自古以来，不分大小，家中使用自己制定的碗筷。自己保管好自己的碗筷。因此过去在蒙古地区出门不带自己的碗筷，很可能吃不到饭。如没带自己的碗筷只好等别人吃完借用他人碗筷。任何人使用自己的碗筷是蒙古人的传统习惯。婚礼也是一样。因此蒙古人经常身边佩戴碗筷刀具。如不带刀具碗筷会被人取笑为不知饮食，不懂保养自己的人。"[一] 今天我们参观与蒙古民族有关的博物馆时可以见到大量的木制镶银碗、银制道具等和蒙古民族的传统有密切的关系。

蒙古民族民众使用的饮食器皿中，使用金属材料制作的器皿主要包括锅、火撑、茶壶、银碗、刀具等。比如著名的僧帽壶、雕刻五畜形象的净水瓶等都是其中的精品。制作银碗的时候，银匠们往往把龙虎、吉祥结等优美的图案雕刻在银碗的外围。这一类的文物已成为当今博物馆的热门藏品。木质材料制作的器皿主要用以储存稻米、米面、牛奶、水等的桶占多数。此外发酵马奶或牛奶用的桶也用木头制作。但体积比较大，形状细而高，与其他桶类有区别。体积小的桶类大多为挤奶用。木制器皿里碗类也比较多。一般的银碗内壁都是用木材或木本植物根茎旋掏制作而成。木匠们还用木材制作花样众多的勺子。勺子的柄上雕刻动物图案。使用皮革材料制成的器皿主要有各种容器，如皮囊、皮壶、皮口袋等。皮口袋的种类也比较多，比如有米袋、面袋、药袋等。从材质来讲有山羊皮、黄羊皮、小牛皮等。因为蒙古高原地处干旱内陆，拥有广阔的戈壁滩，这里的人们自远古时期以来出门远走时必须带上水壶。他们使用的水壶一般都是用牛皮制作。这种水壶轻便而结实，过去的牧民家庭都有此类水壶。

[一] 罗布桑悫丹著：《蒙古风俗鉴》，第31-32页，内蒙古自治区人民出版社，1981年。

铁锅、铁锅架

蒙古汗国
铁
通高46厘米　锅口径40厘米
内蒙古博物馆藏

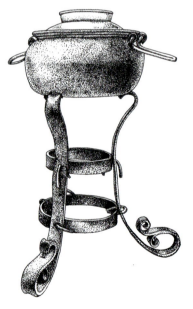

铁锅、火撑

双耳铁锅高17.9厘米　口径25.1厘米
三足火撑高40厘米
原件藏于内蒙古大学民族博物馆

铜锅、火撑

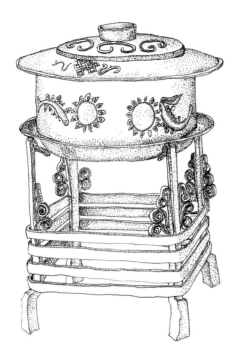

云纹四支铁火撑

———————————

近代

铁

高29.8厘米　直径29.5厘米

内蒙古自治区呼和浩特市征集

六耳铁锅、火撑

———————————

元

铁

通高43.5厘米　通宽40厘米

原件征集于内蒙古自治区呼和浩特市清水河县

铁锅、火撑

蒙古民族饮食文化

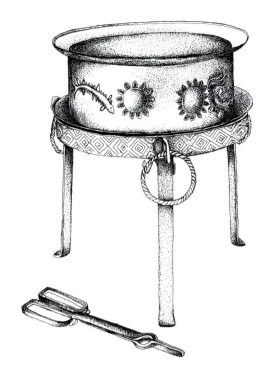

双鱼纹铜锅、羊首三足铁火撑

近代

铜、铁

锅高18厘米　口径37厘米

火撑高35.2厘米　直径39.2厘米

内蒙古自治区锡林郭勒盟西苏旗征集

火撑、铜锅

清

铁

高45厘米　铜锅高18厘米　口径37厘米

内蒙古自治区乌兰察布市四子王旗征集

铁火撑、铁锅

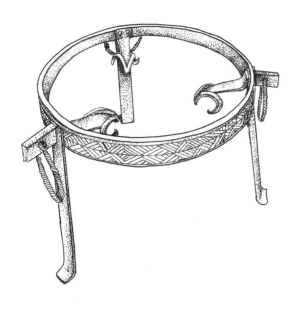

羊首三足火撑

近代

铁

高35.2厘米　直径39.2厘米

原件藏于内蒙古博物馆

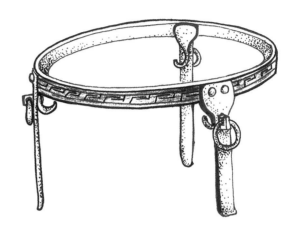

三足铁火撑架

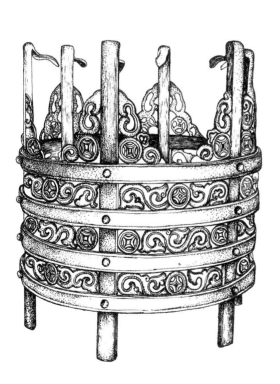

錾花铁火撑

三足双耳铜锅

———————————

近代

铜

原件征集于蒙古国

三足铁锅

———————————

元

铁

高47厘米　腹径48厘米

内蒙古自治区呼和浩特市征集

三足铜锅

———————————

近代

铜

高21.5厘米　口径14.7厘米

原件征集于内蒙古自治区呼和浩特市

铜锅

———————————

清

铜

高16.8厘米　宽26.8厘米　口径23.9厘米

原件征集于内蒙古自治区赤峰市

双耳铜吊锅

清
铜
高11.5厘米　口径19.9厘米
原件征集于内蒙古自治区呼和浩特市

铜锅

近代
铜
高14.5厘米　口径17.1厘米
原件征集于内蒙古自治区阿拉善盟

双耳铜吊锅

清
铜
高12.9厘米　宽25.7厘米　口径23厘米
内蒙古自治区呼和浩特市征集
内蒙古博物馆藏

三系深腹铜吊锅

近代

铜

高26.5厘米　口径32厘米

原件征集于内蒙古自治区呼和浩特市

錾花圜底铜锅

八宝纹铁锅

清

高67厘米　口径135厘米

原件藏于内蒙古大学民族博物馆

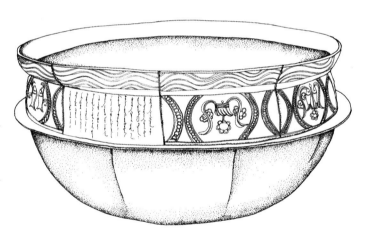

火焰纹宽沿铜锅

清

铜

高17.8厘米　口径31厘米

原件征集于内蒙古自治区锡林郭勒盟

双耳铜吊锅

清

铜

高17.8厘米　口径30厘米

原件征集于内蒙古自治区锡林郭勒盟

三足铜锅

近代

铜

高21.5厘米　口径14.7厘米

原件征集于内蒙古自治区呼和浩特市

三系深腹铁吊锅

近代

铁

高12.2厘米　宽39.7厘米　口径34.6厘米

原件征集于内蒙古自治区呼和浩特市

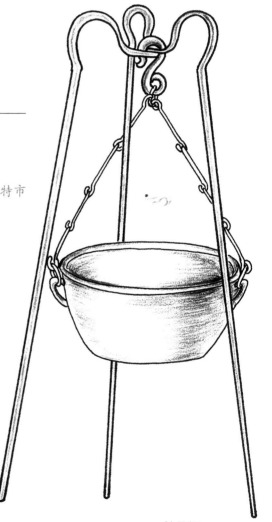

铁吊锅

小铜火锅

高11.1厘米 口径17.7厘米 底径12.5厘米
原件藏于内蒙古大学民族博物馆

平梁铜吊罐

近代

铜

高22.3厘米 口径15.5厘米 底径16.6厘米
原件征集于内蒙古自治区呼和浩特市

铜火锅

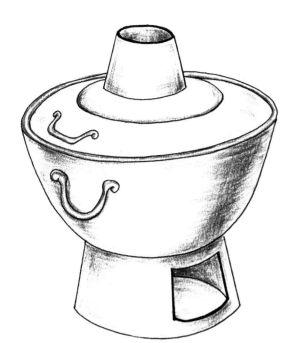

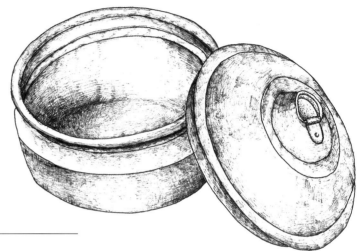

铜盖锅

近代
铜
高21.5厘米　口径14.7厘米
原件征集于内蒙古自治区呼和浩特市

铁锅

近代
铁
高12.9厘米　宽25.7厘米　口径23厘米
原件征集于内蒙古自治区呼和浩特市

铜盖罐

清
铜
高22厘米　径28厘米
原件征集于内蒙古自治区呼和浩特市

铜盖罐

清
铜
高22厘米　口径22.4厘米
原件征集于内蒙古自治区呼和浩特市

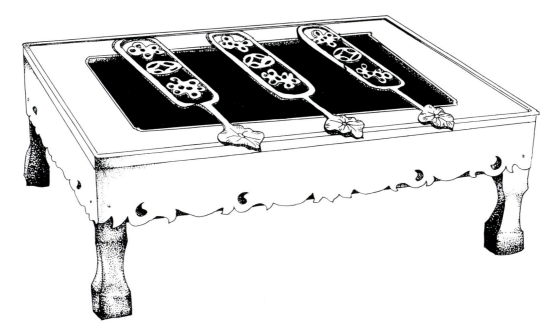

方形铜烤炉

清
铜
高23厘米　长69.3厘米　宽49.5厘米
内蒙古自治区阿拉善盟征集

蒙古民族饮食文化

银火筷

清
银
长21.2厘米
原件征集于内蒙古自治区呼和浩特市

铜烤架

近代
铜
长50厘米　宽8.5厘米
原件征集于内蒙古自治区赤峰市

铁火剪

近代
铁
长37厘米　宽8.7厘米
原件征集于内蒙古自治区赤峰市

铁火剪

铁火剪

近代
铁
长38.4厘米　宽8.4厘米
原件征集于内蒙古自治区赤峰市

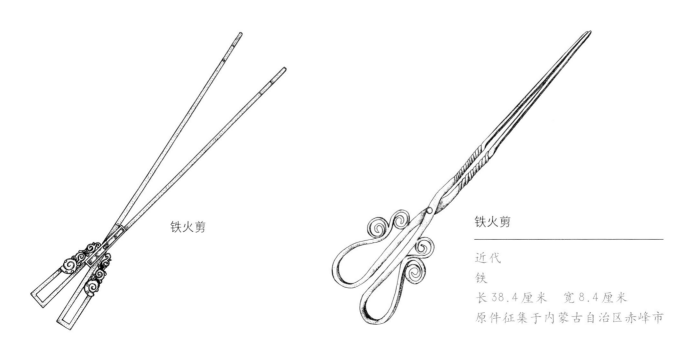

铜壶、火盆

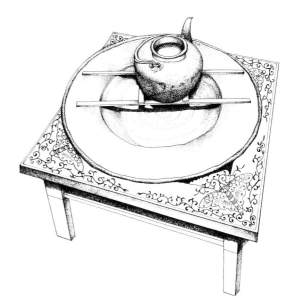

铜烤架

近代

铜

长53.5厘米　宽7.2厘米

原件征集于内蒙古自治区锡林郭勒盟

铁火盆

元

铁

火盆口径43厘米　足高7.5厘米　通高12.5厘米

火盆架36.5厘米　足高10.2厘米　通高13.5厘米

原件征集于内蒙古自治区乌兰察布市

铁火盆

近代

铁

高27厘米　腹径32厘米　口径23.5厘米

原件征集于内蒙古自治区呼和浩特市

饮食器皿一组

火锛和铜壶

火锛和铜壶

清

铜

火锛高20.5厘米　腹径27厘米

铜壶高28厘米　腹径17厘米

内蒙古自治区锡林郭勒盟西乌珠穆沁旗征集

高莲足龙柄紫铜壶

清

铜

通高29厘米　宽27厘米

腹径18.5厘米　足径12.4厘米

原件征集于蒙古国

高莲足龙柄铜茶壶

近代

铜

高29厘米　宽17厘米　底径12.4厘米

原件征集于内蒙古自治区呼和浩特市

龙柄铜壶

龙柄长颈铜壶

龙柄铜茶壶

双柄铜茶壶

近代
铜
高18厘米　宽32厘米
原件征集于内蒙古自治区呼和浩特市

团寿云纹双流紫铜奶茶壶

清
铜
通高27.5厘米　宽35厘米
口径6.5厘米　底径15厘米
原件藏于内蒙古大学民族博物馆

錾福寿纹平梁铜茶壶

近代
铜
高28.5厘米　宽26厘米
原件征集于内蒙古自治区呼和浩特市

福寿纹双流铜壶

清
铜
高28厘米　宽37厘米
原件藏于内蒙古大学民族博物馆

铜茶壶

清
银
高19.3厘米　宽28.5厘米
原件征集于内蒙古自治区呼和浩特市

铜茶壶

清
铜
高17.9厘米　宽26.3厘米
原件征集于内蒙古自治区鄂尔多斯市鄂托克旗

双柄铜茶壶

清
铜
高23.8厘米　宽28.1厘米
原件征集于内蒙古自治区阿拉善盟额济纳旗

鸭嘴铜茶壶

近代
铜
高18厘米　宽32厘米　腹径21厘米
原件征集于内蒙古自治区呼和浩特市

铜茶壶

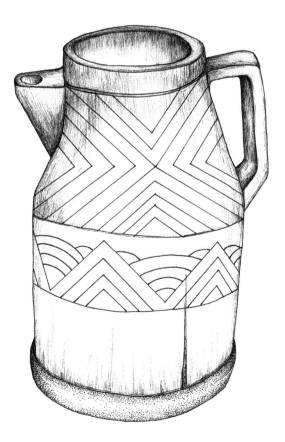

木茶壶

铜茶壶

近代

铜

高19.3厘米　宽28.5厘米　腹径19.3厘米

原件征集于内蒙古自治区呼和浩特市

铜茶壶

近代

铜

高28.5厘米　宽26厘米　腹径15.4厘米

原件征集于内蒙古自治区呼和浩特市

双梁六棱铜茶壶

铜茶壶

铜茶壶

近代
铜
高30.8厘米　宽27.5厘米　腹径17.4厘米
原件征集于内蒙古自治区呼和浩特市

铜川壶

近代
铜
高33厘米　宽13.2厘米　底径9.6厘米
原件征集于内蒙古自治区呼和浩特市

錾莲瓣纹铜壶

蒙古民族饮食文化

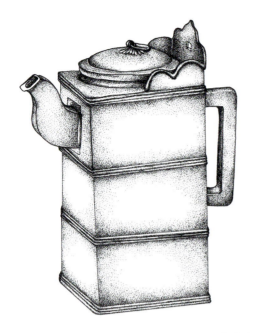

方形东布壶

清
铜
高29.6厘米　宽23.2厘米
内蒙古自治区海拉尔市征集

錾吉祥纹铜茶罐

近代
铜
高25厘米　底径16厘米
原件征集于内蒙古自治区鄂尔多斯市

龙纹东布壶

近代
铜
高32厘米　底径13.6厘米
原件征集于内蒙古自治区呼和浩特市

紫铜龙箍东布壶

清

铜

高30厘米　底径12.8厘米

内蒙古自治区呼伦贝尔盟征集

龙纹东布壶

蒙古民族饮食文化

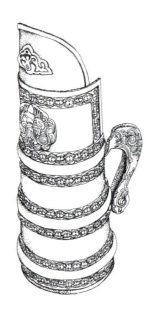

紫铜龙柄东布壶

近代

铜

高31厘米　底径12.2厘米

内蒙古自治区呼和浩特市征集

铜东布壶

近代

铜

高48.7厘米　底径19.8厘米

原件征集于蒙古国

铜东布壶

近代

铜

高34.1厘米　底径15.9厘米

原件征集于蒙古国

铜东布壶

蒙古族银茶具一组

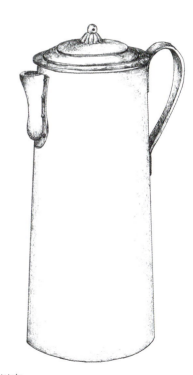

川壶

清

铜

高36.6厘米　宽20.6厘米

底径13.4厘米

原件藏于内蒙古博物馆

　铜箍东布壶

近代
铜、木
高31.4厘米　底径11.8厘米
内蒙古自治区呼和浩特市征集

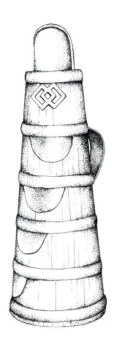

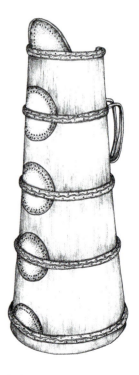

铜川壶

近代
铜
高21.2厘米　宽14.6厘米　底径8.1厘米
原件征集于内蒙古自治区呼和浩特市

铜箍东布壶

近代
铜、木
高31.5厘米　底径12.7厘米
原件藏于内蒙古博物馆

金彩漆木东布壶

清
高57.6厘米　口径8.7厘米
底径15.3厘米
内蒙古博物馆藏

双提铜川壶

近代
铜
高39厘米　口径18.5厘米　底径19.4厘米
蒙古国征集

单耳铜川壶

近代
铜
高28.7厘米　宽14厘米　底径13.1厘米
原件征集于内蒙古自治区呼和浩特市

蒙古民族饮食文化

双耳铜奶桶

近代
铜
高28.6厘米　口径20.5厘米　底径21.6厘米
原件征集于内蒙古自治区呼和浩特市

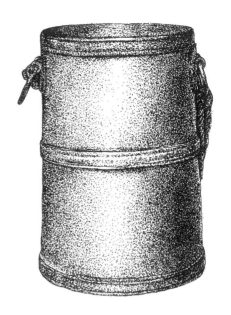

铜奶桶

近代
铜
高37.4厘米　口径15.4厘米　底径19.2厘米
原件征集于内蒙古自治区呼和浩特市

铜奶桶

近代
铜
高44厘米　口径35厘米　底径39厘米
原件征集于内蒙古自治区呼和浩特市

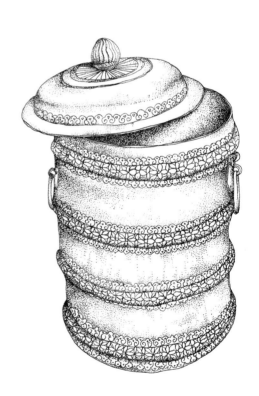

银箍錾花铜奶桶

桶盖

紫铜奶桶

清

铜

高30厘米　口径14.1厘米　底径18.4厘米

内蒙古自治区鄂尔多斯市达拉特旗征集

紫铜奶桶

清
铜
高44.5厘米　口径26厘米　底径29厘米
蒙古国征集

拼木马奶桶

拼木酸奶桶

近代

铜

高145厘米　底径39厘米

内蒙古自治区锡林郭勒盟征集

奶桶

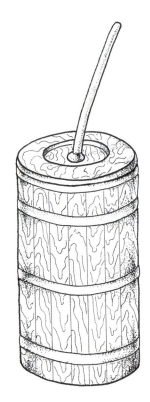

木制酸奶桶

奶桶

拼木银箍奶桶

奶桶

拼木铜箍奶桶

近代
铜、木
高18.7厘米　口径20厘米
原件征集于内蒙古自治区赤峰市

铁箍木奶桶

马奶桶

近代
铁、木
高30厘米　口径16.3厘米　底径16厘米
原件征集于内蒙古自治区赤峰市

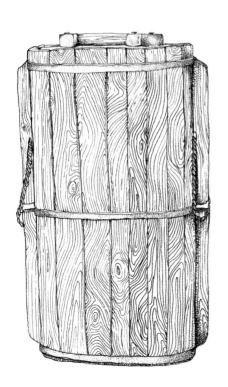

拼木酸奶桶和奶杵

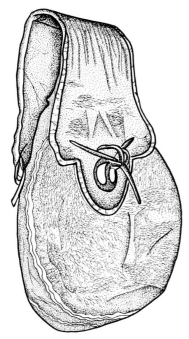

皮囊

近代
高48厘米　宽37厘米
原件征集于内蒙古自治区阿拉善盟

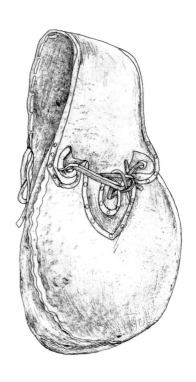

皮囊

近代
高45厘米　宽37厘米
原件征集于内蒙古自治区阿拉善盟

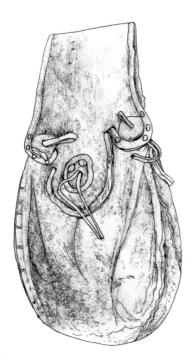

皮囊

近代
高43厘米　宽35厘米
原件征集于内蒙古自治区阿拉善盟

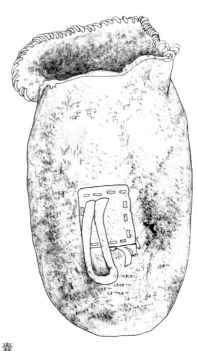

皮囊

近代
高45厘米　宽34厘米
原件征集于内蒙古自治区阿拉善盟

皮囊

近代
高114厘米　宽40厘米
原件征集于内蒙古自治区阿拉善盟

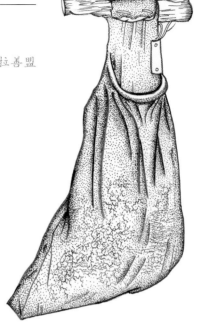

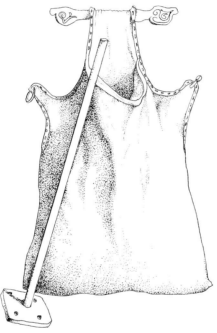

皮囊

近代
高113厘米　宽70厘米
原件征集于内蒙古自治区锡林郭勒盟

皮囊

近代
高98厘米　宽51厘米
原件征集于内蒙古自治区阿拉善盟

蒙古民族饮食文化

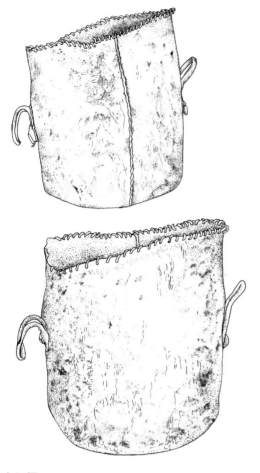

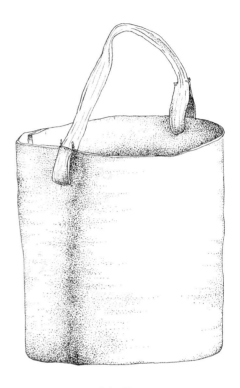

皮奶桶

皮奶桶

近代
高150厘米　宽135厘米
原件征集于内蒙古自治区乌兰察布市四子王旗

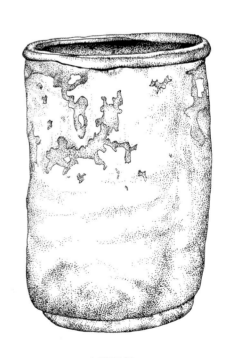

皮奶桶

皮酸奶桶

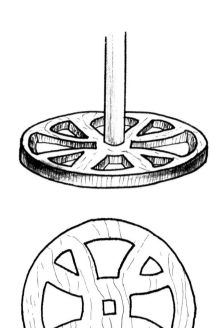

圆形木杵

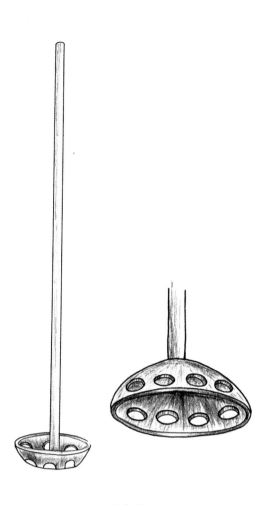

凹形木杵

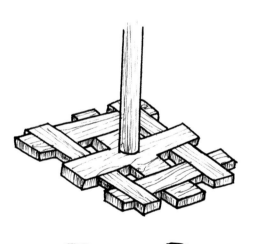

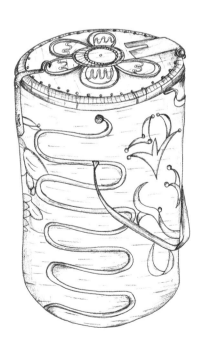

桦树皮茶桶

十字形木杵

蒙古民族饮食文化

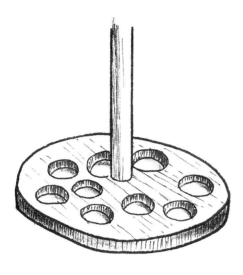

九孔木杵

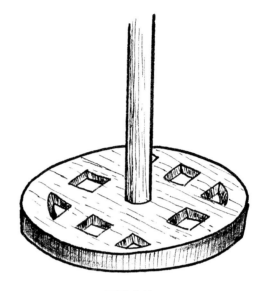

圆形木杵

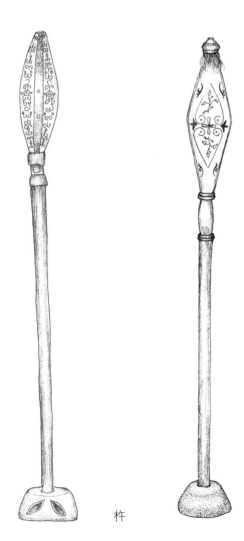

杵

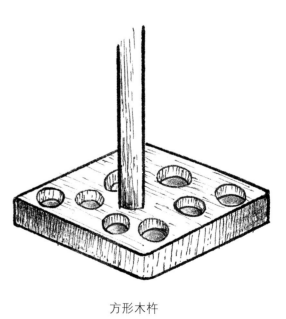

方形木杵

木捣臼

石捣臼

木捣臼

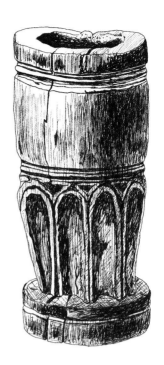

莲瓣纹木捣臼

近代
高26.5厘米　口径14厘米　底径15厘米
原件征集于内蒙古自治区呼和浩特市

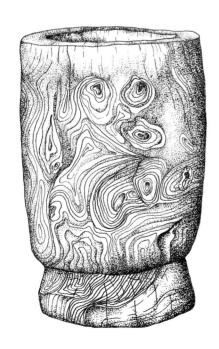

木捣臼

桦木捣臼

木捣臼

桦木捣臼

近代
白高44.5厘米　口宽19.5厘米
锤长77厘米
原件征集于内蒙古自治区鄂尔多斯市

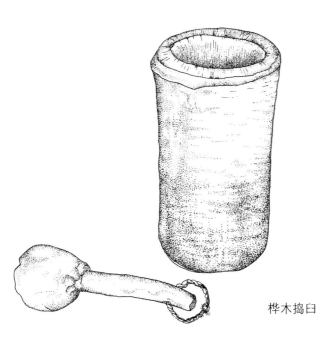

桦木捣臼

桦木捣臼

近代
白高26.5厘米　口宽16.3厘米
锤长26.2厘米　锤宽8.6厘米
原件征集于蒙古国

木捣臼

铁质捣臼

木捣臼

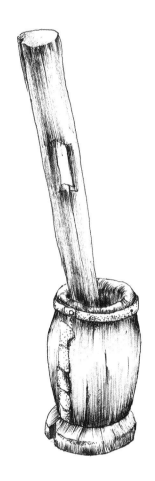

木质捣臼

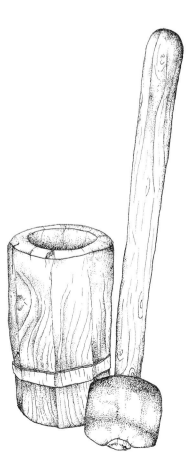

光绪款红彩描金"寿"字纹餐具

清

盘：其一口径28厘米　足径17.2厘米　高5.7厘米
　　　其二口径19.7厘米　足径12.1厘米　高4.6厘米
碟：口径10.3厘米　足径6.8厘米　高3厘米
盅：口径5.8厘米　足径2.6厘米　高5厘米
匙：长16.8厘米　宽5.1厘米
内蒙古博物馆藏

三羊、三驼纹镶铜瓷碗

铜、瓷
高6.6厘米　口径11.5厘米
原件藏于内蒙古师范大学博物馆

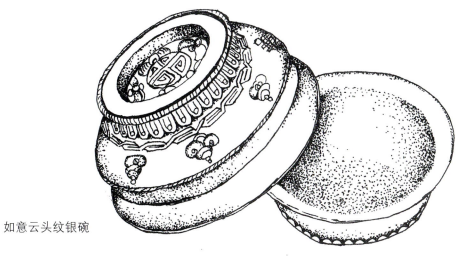

如意云头纹银碗

鏨卷草纹银碗

清

银

高6厘米　口径13.4厘米　底径8厘米

内蒙古自治区伊克昭盟征集

盘肠纹银碗

清
银
高4.8厘米　口径13.4厘米　底径6.1厘米
原件藏于内蒙古博物馆

高莲足银碗

清
银、木
高4.8厘米　口径11.5厘米　底径6.5厘米
原件征集于内蒙古自治区呼和浩特市
原件藏于内蒙古博物馆

高莲足银碗

近代
银、木
口径12.8厘米　底径8.5厘米　高5.8厘米
内蒙古自治区呼和浩特市征集
原件藏于内蒙古博物馆

行龙纹银碗底部

近代

银、木

口径10.4厘米　底径5.7厘米　高3.9厘米

内蒙古自治区赤峰市征集

原件藏于内蒙古博物馆

莲瓣纹银碗

龙纹银碗

近代

银、木

口径13.4厘米　底径8.3厘米　高6厘米

原件征集于内蒙古自治区赤峰市克什克腾旗

龙纹银碗底局部

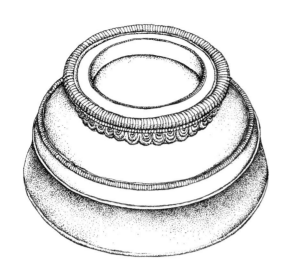

高足银碗

近代

银、木

口径12.3厘米　底径7.2厘米　高6.2厘米

原件征集于内蒙古自治区呼和浩特市

高足银碗

近代

银、木

口径11.1厘米　底径6.9厘米　高6.3厘米

原件征集于内蒙古自治区阿拉善盟额济纳旗

福寿纹烧兰银碗

近代

银、木

口径13.5厘米　底径7.9厘米　高5.8厘米

原件征集于内蒙古自治区呼和浩特市

描金福寿纹漆木碗

近代
口径12.3厘米　底径7.2厘米　高6.2厘米
内蒙古博物馆藏

底部

吉祥纹银碗

近代
银、木
口径10.5厘米　底径6.2厘米　高4.4厘米
内蒙古自治区赤峰市巴林右旗征集

三足錾花银碗、托

木碗

近代
木
高4.8厘米　口径15.5厘米
原件征集于内蒙古自治区赤峰市

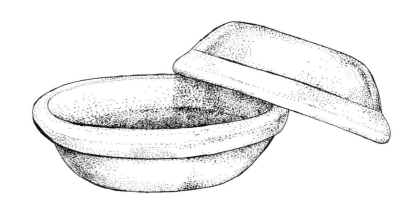

木碗

近代
木
高4.4厘米　口径12厘米　底径6.7厘米
原件征集于内蒙古自治区赤峰市

木碗

近代
木
高4.3厘米　口径11.1厘米　底径6.6厘米
原件征集于内蒙古自治区锡林郭勒盟东乌旗

木碗

近代

木

高5.3厘米　口径15.4厘米

原件征集于内蒙古自治区赤峰市

木碗

近代

木

高4.8厘米　口径16.6厘米　底径10.5厘米

原件征集于内蒙古自治区赤峰市

木碗

近代

木

高5.6厘米　口径16.6厘米

原件征集于内蒙古自治区赤峰市

木碗

近代

木

高4.3厘米　口径16.6厘米　底径9.8厘米

原件征集于内蒙古自治区赤峰市

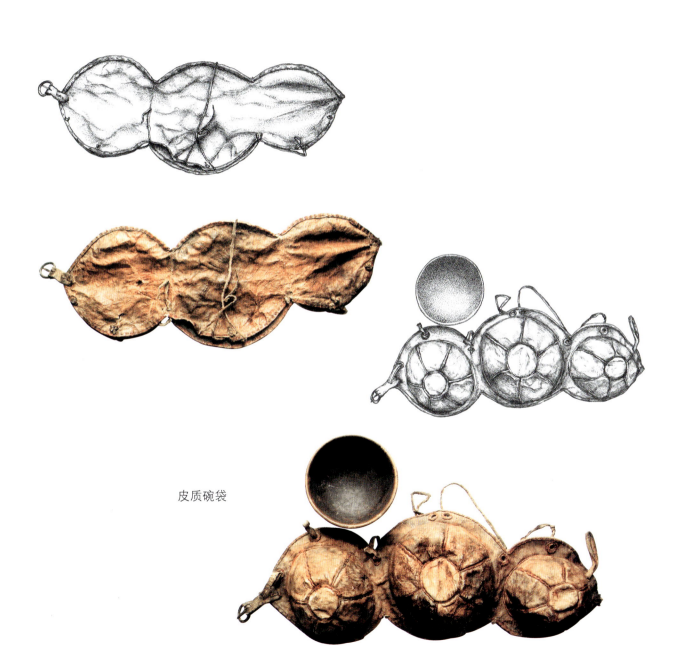

皮质碗袋

毡质碗袋

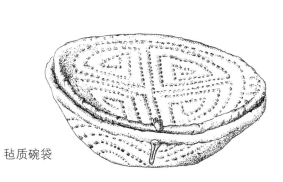

毡质碗袋

布质碗袋

布质碗袋

黄缎贴绣双喜纹碗袋

近代

缎

长50厘米　宽16厘米

原件征集于内蒙古自治区阿拉善盟
额济纳旗

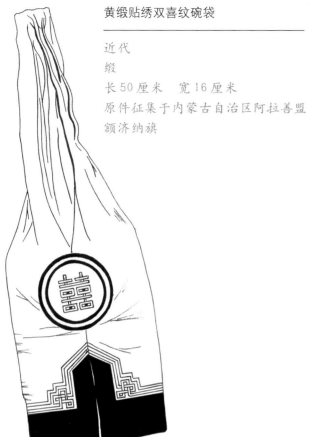

蓝缎碗袋

碗袋

筷袋

贴绣盘肠纹砖茶袋

近代

布

长37厘米　宽23.5厘米

原件征集于内蒙古自治区阿拉善盟额济纳旗

贴绣双喜纹砖茶袋

近代

布

长36厘米　宽23.5厘米

原件征集于内蒙古自治区阿拉善盟额济纳旗

贴绣盘肠团万纹砖茶袋

近代

布

长39.5厘米　宽24厘米

原件征集于内蒙古自治区阿拉善盟额济纳旗

毡绣砖茶袋、碗袋

近代
毡
茶袋长34.5厘米　宽26厘米
碗袋长27.5厘米　宽18厘米
内蒙古自治区阿拉善盟征集

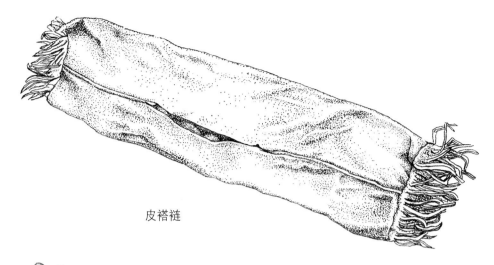

皮褡裢

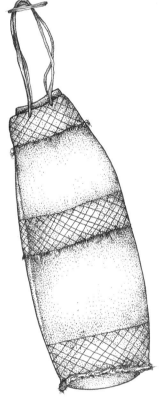

碗袋

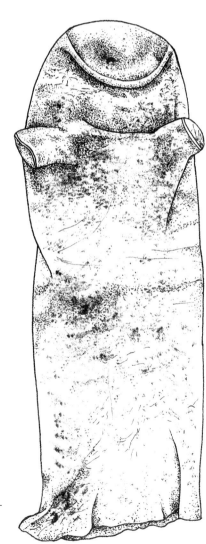

皮质米袋

近代
皮
长42.5厘米　宽15.5厘米
原件征集于内蒙古自治区海拉尔市

木制盐盒

高11.1厘米　口径17.7厘米
原件藏于内蒙古大学民族博物馆

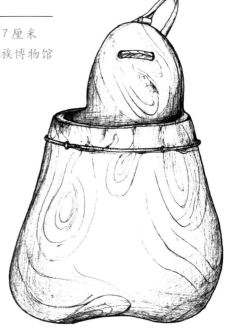

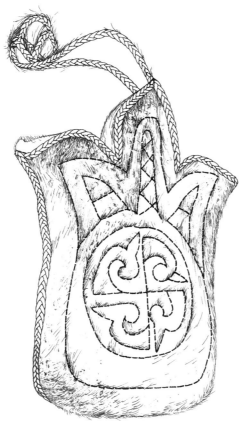

花瓣型毡绣盐袋

近代
毡
长28厘米　宽21.5厘米
原件征集于内蒙古自治区锡林郭勒盟东乌旗

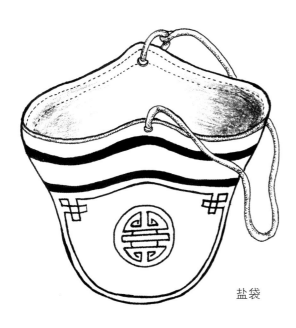

盐袋

高足铜盘

近代

铜

高16.8厘米　口径26厘米　底径16.8厘米

原件征集于蒙古国

花瓣沿铜盆

平底折沿铜盆

近代

铜

高7厘米　口径27.4厘米　底径26.3厘米

原件征集于内蒙古自治区海拉尔市新巴尔虎旗

原件藏于内蒙古博物馆

彩绘明漆木盘

近代
木
高3.3厘米　口径12.9厘米　底径9.5厘米
原件征集于内蒙古自治区海拉尔市
原件藏于内蒙古博物馆

木盘

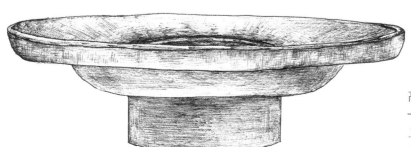

高足木盘

直径43.5厘米　底径25.8厘米
原件藏于内蒙古大学民族博物馆

托盘

清
银
长 38.7 厘米　宽 25.3 厘米　厚 3.1 厘米
内蒙古博物馆藏

托盘

清
银
长 38.7 厘米　宽 25.3 厘米
厚 3.1 厘米
原件征集于内蒙古自治区呼和
浩特市
原件藏于内蒙古博物馆

彩绘木盘

近代
木
高3.5厘米　口径13.1厘米
底径9.8厘米
原件征集于内蒙古自治区赤峰市

金彩黑漆盘

近代
漆、木
高4.1厘米　口径23.4厘米
底径11.8厘米
内蒙古自治区包头市征集

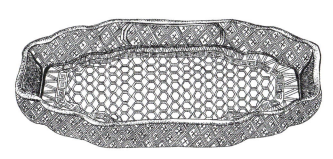

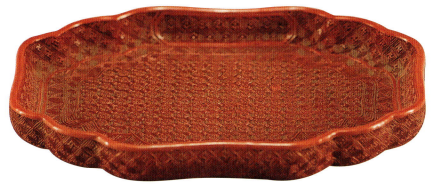

雕漆曲角食盘

内蒙古博物馆藏

秀斯木盘

近代
高15厘米　长48厘米　宽26厘米
原件征集于内蒙古自治区包头市

蒙古民族饮食文化

金彩红漆食盒

近代

铜

高14厘米　口径24厘米　底径16.4厘米

内蒙古自治区赤峰市征集

红底九面绘暗八仙正八角形盒

清

木

高11厘米　每边10.5厘米

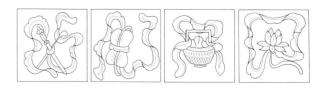

局部图

富贵长寿纹金漆食盒

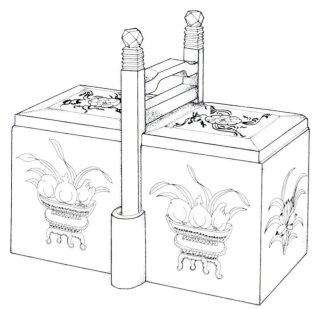

红底墨线五面绘花卉纹提梁食盒

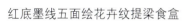

清

柳木

长38厘米　宽20厘米　高20厘米

内蒙古自治区征集

食盒顶面图案

红底彩绘福寿人物纹食盒

清

松木

长44.5厘米　宽28.5厘米　高15.5厘米

该食盒有托盘　内置12只小食碟

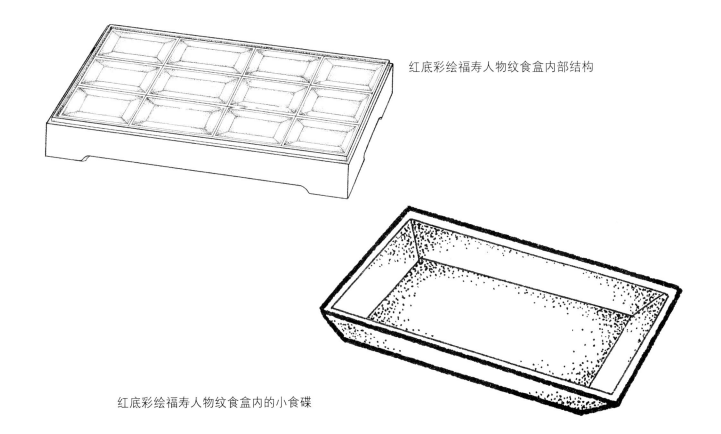

红底彩绘福寿人物纹食盒内部结构

红底彩绘福寿人物纹食盒内的小食碟

五福捧寿纹金漆食盒

近代

木

口径25厘米　底径15厘米　高13厘米

原件征集于内蒙古自治区赤峰市

彩绘方型食盒

近代

木

高14.7厘米　宽20.2厘米

原件征集于内蒙古自治区赤峰市

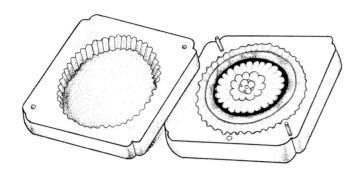

花瓣型奶豆腐模

近代

木

宽11厘米　厚5.8厘米

原件征集于内蒙古自治区赤峰市

福寿纹奶豆腐模

近代

木

长12厘米　宽9.2厘米

原件征集于内蒙古自治区赤峰市

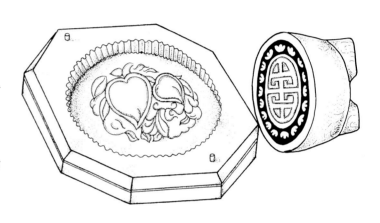

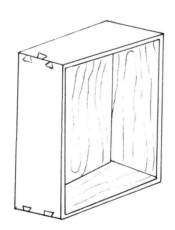

盒形模

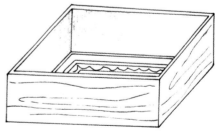

牡丹富贵纹盒形模

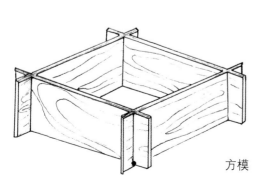

方模

底部

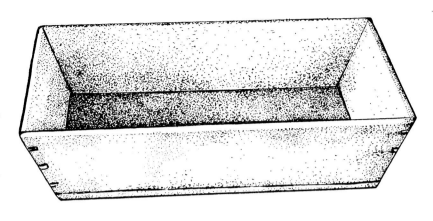

长方型奶豆腐模

近代
木
长31厘米　宽18.8厘米　厚6.7厘米
原件征集于内蒙古自治区赤峰市

双面四纹奶豆腐模

近代
木
长22.9厘米　宽6.7厘米　厚3.8厘米
原件征集于内蒙古自治区赤峰市

肠纹奶豆腐模底部

方形盘肠纹奶豆腐模

近代
木
宽19厘米　厚6.3厘米
原件征集于内蒙古自治区
锡林浩特市

长柄奶豆腐模

近代
木
长30.9厘米　宽12.9厘米
厚5.2厘米
原件征集于内蒙古自治区赤
峰市

长方形四纹奶豆腐模

近代
木
长23.7厘米　宽17.2厘米　厚8.6厘米
原件征集于内蒙古自治区赤峰市

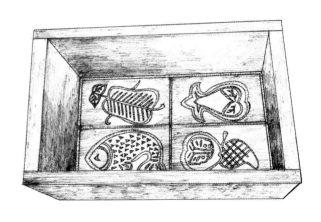

四蝠纹奶豆腐模

近代
木
长26.5厘米　宽21厘米　厚11厘米
原件征集于内蒙古自治区锡林浩特市

鲨鱼皮鞘多用蒙古餐具

清
银、鲨鱼皮、骨
鞘长33.6厘米　口宽5.6厘米
内蒙古自治区乌兰察布市察右中旗征集

嵌贝骨蒙古刀

长34厘米　宽2.3厘米
内蒙古博物馆藏

蒙古刀与火镰

内蒙古博物馆藏

蒙古刀一般为骨把木鞘，配有筷子，外鞘用白银镶包，錾有各种纹饰，是牧民生活中不可缺少的用具。火镰是牧民取火用具。刀、火镰和筷子连在一起，除实用外，还是蒙古男子佩带的一种装饰品。

铜镀金龙纹蒙古刀

长26厘米　宽2.3厘米
原件藏于内蒙古博物馆

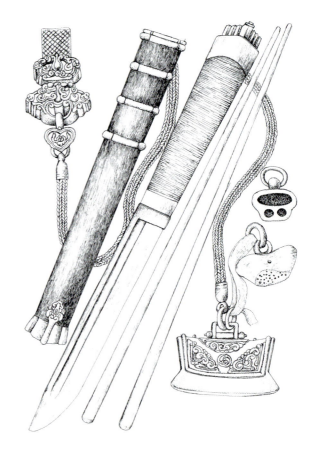

蒙古刀

镶宝石玉柄蒙古刀

清
木、皮、宝石
通长38.6厘米　鞘口径3厘米
内蒙古自治区赤峰市征集

银烧蓝错金龙纹蒙古刀
————————
长 78 厘米　宽 3.2 厘米
内蒙古博物馆藏

骨嵌贝蒙古刀
————————
长 27.5 厘米　宽 2.5 厘米
内蒙古博物馆藏

紫檀木柄蒙古刀
————————
长 33 厘米　宽 2.3 厘米
原件藏于内蒙古博物馆

蒙古民族饮食文化

蒙古刀

银镀金青玉柄蒙古刀

长36.5厘米　宽3厘米
内蒙古博物馆藏

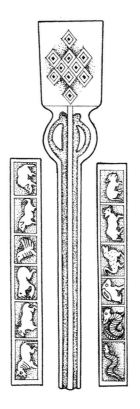

十二生肖扬奶器

九孔祭祀扬奶器

扬奶器

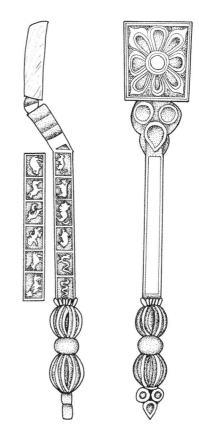

扬奶器

蒙古民族饮食文化

祭祀扬奶器

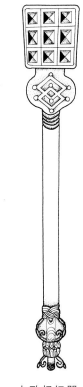

九孔扬奶器

盘肠纹九孔扬奶器

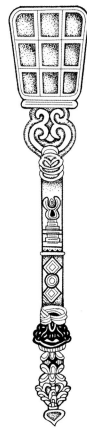

祭祀扬奶器

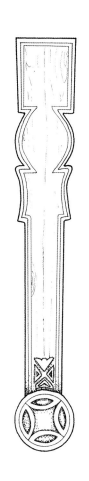

盘肠纹扬奶器

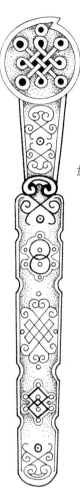

盘肠纹扬奶器

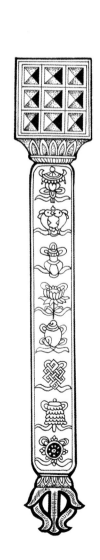

八宝纹九孔祭祀扬奶器

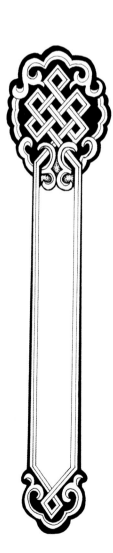

盘肠纹扬奶器

铜奶勺

法轮纹铜勺

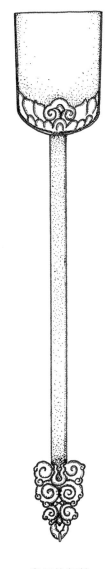

卷云纹铜铲

福在眼前纹铜勺

长 9.7 厘米
原件藏于内蒙古大学民族博物馆

牛角勺

长 12.7 厘米
原件藏于内蒙古大学民族博物馆

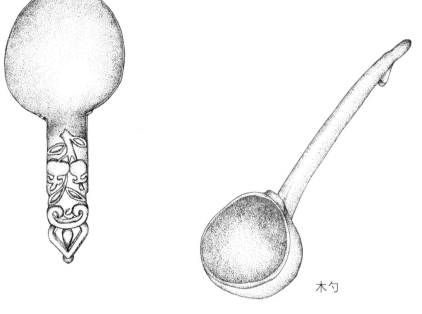

木勺

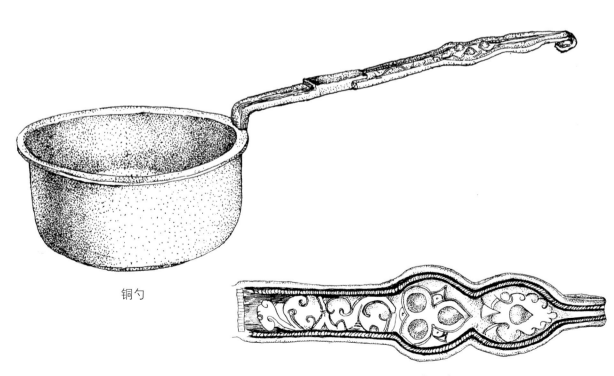

铜勺

勺柄局部

羊首木勺

角质勺

原件藏于内蒙古大学民族博物馆

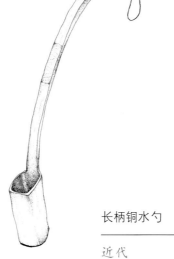

长柄铜水勺

近代
铜
长56厘米　宽20.7厘米
厚6.5厘米
原件征集于蒙古国

木勺

近代
木
长36.5厘米　宽9.9厘米
原件征集于蒙古国

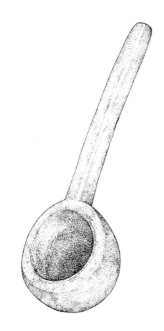

长柄铜水勺

近代
铜
长38.5厘米　宽18.5厘米　厚6.2厘米
原件征集于内蒙古自治区赤峰市

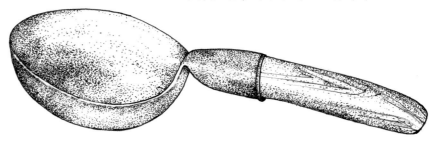

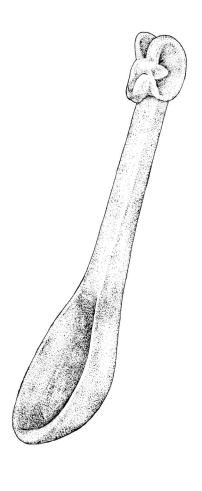

羊首木勺

近代
木
长49厘米　宽10厘米　厚7.5厘米
原件征集于内蒙古自治区呼和浩特市

岩羊角长柄勺

近代
角
长63.5厘米　宽16.5厘米
原件征集于蒙古国

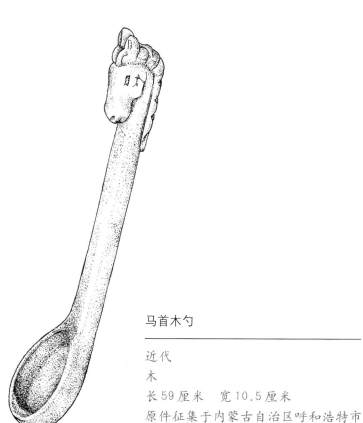

马首木勺

近代
木
长59厘米　宽10.5厘米
原件征集于内蒙古自治区呼和浩特市

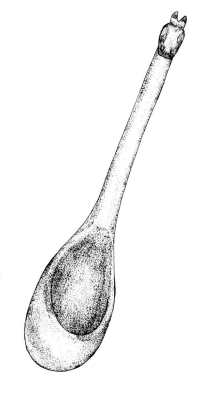

马首木勺

黑釉刻花罐

元
口径7厘米　腹径29.7厘米　高30.5厘米
原件征集于内蒙古自治区伊克昭盟

白釉黑花小口瓷罐

元
瓷
高31厘米　口径5厘米　底径11厘米
原件征集于内蒙古自治区鄂尔多斯市

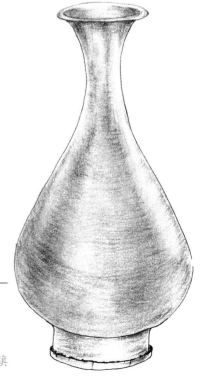

玉壶春瓶

元
银
高27.5厘米　口径7厘米　底径8.8厘米
原件征集于内蒙古自治区鄂尔多斯市准格尔旗

釉里红花草纹玉壶春瓶

元

瓷

高27.4厘米　口径8厘米

腹径15.3厘米　底径8.9厘米

原件出土于内蒙古自治区赤峰市

翁牛特旗元全宁路古城

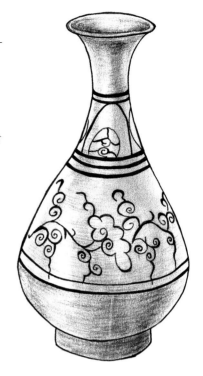

白釉黑花花草纹玉壶春瓶

元

瓷

高24.7厘米　口径7.4厘米

腹径14.4厘米　底径8.3厘米

原件征集于内蒙古自治区鄂尔多斯市

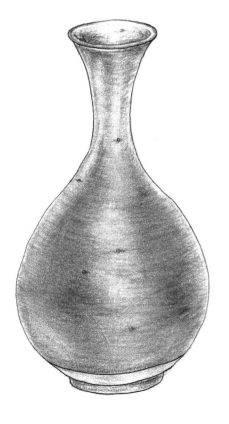

黑釉玉壶春瓶

元

瓷

高33.5厘米　口径9.5厘米　底径4.8厘米

原件征集于内蒙古自治区呼和浩特市托克托县

皮囊酒壶

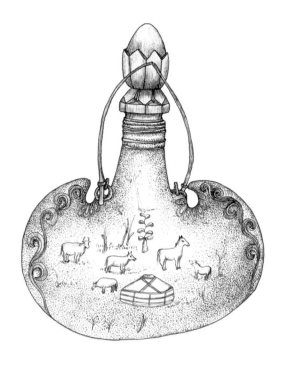
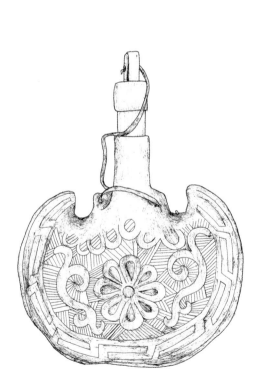
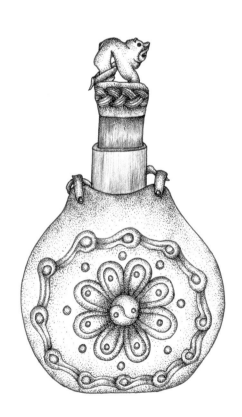

纹饰、形状各异的皮质酒壶

蒙古民族饮食文化

形状、纹饰各异的皮质酒壶

皮质酒壶

近代
皮
宽36厘米　高34.5厘米
原件藏于内蒙古博物馆

银质珐琅彩酒壶

清
高14厘米　宽10厘米　厚5厘米
内蒙古博物馆藏

蒙古民族饮食文化

五福捧寿纹扁酒壶

近代
铜
高18.9厘米　宽12.2厘米
厚5厘米
原件藏于内蒙古博物馆

银质吸酒壶

龙纹扁酒壶

近代
铜
高19.2厘米　宽13.4厘米　厚5.4厘米
原件征集于内蒙古自治区锡林郭勒盟

铜扁壶

清
铜
高25.5厘米　宽21.5厘米
口径6.2厘米
原件藏于内蒙古博物馆

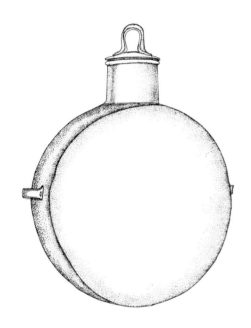

铜扁壶

高35.5厘米　宽27.5厘米　口径6.2厘米
原件藏于内蒙古师范大学博物馆

龙炳银酒壶

清
银
高11厘米　宽19.6厘米
原件征集于内蒙古自治区呼和浩特市

红铜酒壶

铜
高27.6厘米　宽21厘米
内蒙古大学民族博物馆藏

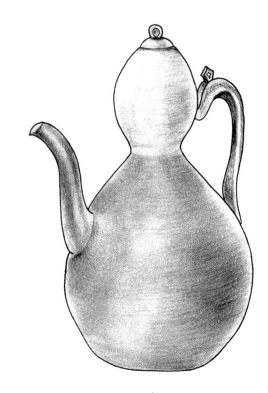

葫芦形铜酒壶

珐琅彩酒具一套（5件）

清
酒壶高14.2厘米　宽9厘米
酒杯高2.7厘米　口径5.1厘米
原件藏于内蒙古大学民族博物馆

蒙古民族饮食文化

喇叭口铜酒壶

高10.2厘米　口径4厘米
原件藏于内蒙古大学民族博物馆

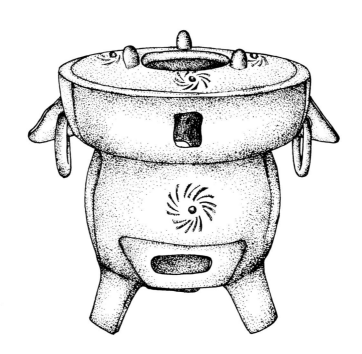

铸铁温酒炉

高8.2厘米　口径8.4厘米
原件藏于内蒙古大学民族博物馆

形状各异的银质酒具

角质酒葫芦

长34厘米　口径11.5厘米
原件藏于内蒙古大学民族博物馆

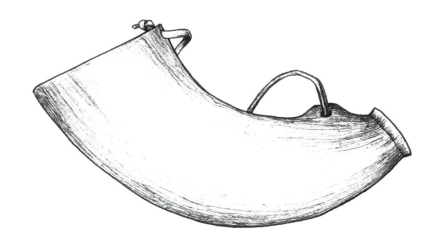

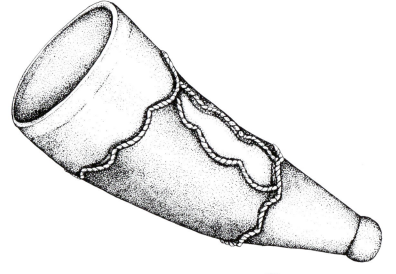

包银鎏金结盟杯

近代
银、角
高10.6厘米　口宽3.7厘米
内蒙古博物馆藏

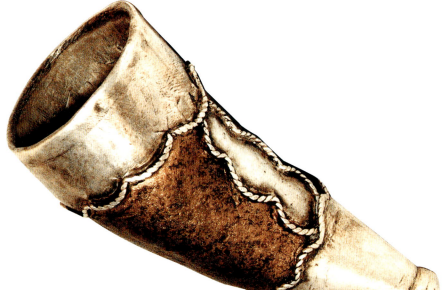

高足银镶木酒杯

高8.2厘米　口径6.2厘米
原件藏于内蒙古大学民族博物馆

雕漆勾莲梵文高足杯

高13.3厘米　口径14.9厘米
足径7.2厘米
内蒙古博物馆藏

雕花木桌

祭祀桌

近代

木

长31.5厘米　宽19.5厘米　高16.5厘米

原件藏于内蒙古师范大学博物馆

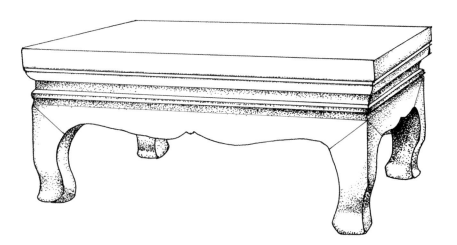

木桌

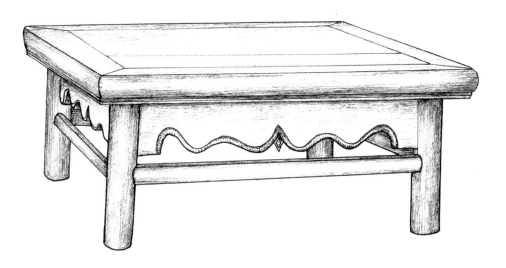

草原环境与蒙古民族饮食文化

结语

［一］［英］雷蒙德·弗思著，弗孝通译：《人文类型》，第41～42页，华夏出版社，2002年。
［二］周鸿：《人类生态学》，第67页，高等教育出版社，2001年。

　　继承了几千年生活在内陆干旱草原上的游牧民族文化传统的蒙古民族，创造了独具特色的饮食文化。这种饮食文化有独特的特征是和邻近的其他拥有农耕文化传统的民族相互比较而言。人类祖先大约在一百万年前从非洲走出来，三万年前遍布到各大陆，约一万年前开始了农耕和畜牧业。在这百万年里，人们以狩猎采集的生活方式适应了自然环境。而一万年前农耕和畜牧业的出现，使人类的生活方式也迎来了狩猎、采集、农耕、畜牧并存的、多样化的生产方式。由于人类生活的自然环境不同，不得不采取不同的生活方式。英国著名人类家弗思在他的人类学经典著作《人文类型》中指出："由于食物的获取是一切人类社会的基本活动，我们可以根据获取食物的方法把社会分成几大类：1.采集、狩猎及渔业社会，2.畜牧社会，3.农业社会，4.工艺社会，每一个大类都可以分成几小类。"［一］由于获取食物的方式不同，人们会采取不同的生活方式，也就是说由此会形成不同的饮食文化。不仅是世界各地由于自然环境的不同人们采取了不同的生活方式，在我们国内由于各民族的生活环境不同也可以见到不同的生活方式。我们在饮食文化方面更清楚地看到这一文化现象。学术界研究中国文化时也应用了长江文化、黄河文化和草原文化这种大致的分类方法。这种分类法其实就是根据环境的不同而形成的文化特征分类，而这种特征在饮食文化方面更为明显。周鸿在他编写的《人类生态学》一书中提到："在历史文化的研究中，不少人类学家越来越重视以生态环境划分文化区。我国著名人类学家宗蜀华认为：根据生态环境的特点和人们对其适应和改造过程，从新石器时代起在中国各地就形成了多个文化区。其中有三个主要文化区，这就是北方和西北草原游牧兼事渔猎文化区，黄河流域以粟、黍为代表的旱地农业文化区和长江流域及其以南的水田稻作农业文化区。"［二］我们今天呈现在读者面前的这本《蒙古民族饮食文化图典》，一方面是为了展示蒙古传统饮食文化的全貌，另一方面就是要说明这种不同的自然环境中形成的不同的生活方式以及蕴含在这种生活方式之内的饮食文化特征。

　　例如锡林郭勒草原位于内蒙古中部地区，地形多是平坦草原或丘陵沙化地带，大河流少，适合农耕的地形不多，历来更适合于游牧生活。几千年的历史长河中，北方游牧部落在这里繁衍生息，也创造出不少适应于这里的地理、生态、环境的物质文化。在几千年的文化传承当中，这里的蒙古族更多地保留了有关游牧生活方面的文化传统。在20世纪八十年代甚至到目前部分地区仍保留着逐水草而居的传统的游牧生活方式。当然移动并不是盲目的行动,目的是为了更合理地利用自然资源,也就是说为更有效地利用土壤、水、植物、动物等自然资源。人类利用牛、马、羊、骆驼等几种动物当作中介物,利用土地、水和植物资源,但由于在草原上水资源比较缺乏,因此利用植物资源也受到限制。为了更大限度地合理利用这种有限资源,人类创造出游牧生活方式来适应这里的环境。从传统的游牧生活来看,家畜里最重要的可能是马,因为和其他家畜一样,人们可以直接利用马的肉、乳、皮革,还可以把它当作交通工具利用。因此,马为人类适应草原生态环境可起到双重作用,这样它的利用价值也高于其他家畜。蒙古民族,尤其是锡林部勒草原的人们爱马如命。总之,这里的饮食、居住方面的风俗习惯及其相关的文化,都离不开这里的生态环境以及在这种生态环境当中形成的生活方式。

蒙古族的饮食结构中,肉制品和乳制品的比例较高,而且乳制品的种类繁多。蒙古族妇女能够在家中加工出多达二十余种的乳制品,而且制作任何种类的乳制品都不添加任何有害健康的化学物质。据老牧民回忆,在自然灾害严重的上世纪五十年代末,邻近的农区由于农田歉收,发生饥饿。虽然牧民也因此遇到了粮食紧缺等困难,但是在牧区并没有发生严重的饥荒,原因在于奶食品起到了重要的作用。虽然农田歉收,但牧草并没有完全干枯。少许的米或面类食品上添加牛奶或牛奶制作的食物,可以充分满足人体所需的能量和各种微量元素以及维生素、脂肪、蛋白质等人体必需的营养物质。医学界公认用牧民家中发酵的马奶(cege)可以治疗消化系统和呼吸系统的多种疾病,且不含有对人体健康起到副作用的化学成分。牧民制作的饮食器皿的花样不多,种类也不多,但这些器皿都适合于他们的游牧生活。游牧民族不需要储藏太多的家产,如果需要他们随时都可以从身边的自然环境中取来使用。使用过的废旧生活用具也不需要回收公司去收集和销毁,因为他们使用的材料除了少量金属制品外,大多为取自于大自然的木头、皮革、绒毛等有机物材料,因此丢弃的废品风化速度快,不会造成例如白色垃圾等引起的环境污染。

相比中原之四大门类的菜肴,相比欧洲人摆满餐桌的饮食器具,看似简单的蒙古族饮食文化,以其独特的结构和最适合于内陆干旱草原生态环境的特征,在全人类文化多样性的舞台上扮演着不可忽视的重要角色。在文化多样性日益被重视的今天,我们应该更深入细致地挖掘整理和研究蒙古族饮食文化资料,将其优良传统发扬光大,为人类的饮食文化发展提供一个独特的借鉴视角。

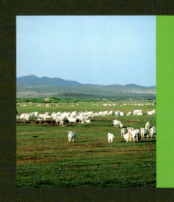

后记

　　《蒙古民族文物图典》，历经三年，即将付梓，感慨良多。这套书，是在经过近两年的研究思考，于2004年末决定组织撰写编辑的。组织此书，缘于以下考虑：中国北方草原地带的游牧民族，自古以来包括匈奴、东胡、鲜卑、突厥、契丹、党项、女真、蒙古等民族，对

重要影响，特别是匈奴和蒙古族。可以说，世界上没有哪一个地方的游牧民族，如中国北方草原上的游牧民族那样，对世界历史的影响如此之大。这些古代民族在草原的自然环境条件下，创造了世界上独特的游牧文化。而蒙古民族是这些古代草原民族创造的游牧文化的集

传统的游牧文化在现实生活中也迅速演变以至于消失。保护这一具有世界影响的草原游牧文化，使这一人类宝贵的文化遗产得到传承，成为保持世界文化多样性的一朵奇葩，继续发挥其民族精神纽带的功能，是文物工作者，也是社会各界的责任。我从进入内蒙古文物事业

留完整传统游牧生产生活方式是不可能的，也是不明智的。而保护传统游牧文化的方式，一是搞草原文化保护区，划一块地方，组织一些牧民，按照传统方式进行生产和生活。二是收藏其文化和物质载体，即文物，并长久保存和展示。三是用图书音像等媒介予以记

护和传承蒙古文化的一种方式。其具体确定为图典式的形式。"图典"即有图。这个"图"有彩色图片，也有墨线绘图。尤其是墨线绘图，把文物用简约的线条提炼出来，使其整体和关键部位一目了然。"典"则是有典型、典范、标准器的意思，即选择的典型的代表性的文物。总的指导思想是，这一图典，有类似蒙古族文物"字典"、"辞典"的功能。即使将来没有了实物，人们也可以通过

此书的图，重新制作恢复消失的文物。这也算此套图典的一个值得称道的亮点吧。

根据蒙古民族传统文化的特点，将这套图典按六个方面，即鞍马、服饰、毡庐、饮食、游乐、宗教进行分类。有些类别间内容有些交叉，如鞍马文化中赛马的内容，在游乐文化中赛马也是不可缺少的，在编辑过程中根据侧重点不同，适当作了些调整。但要实现内容的科学归类，确也不是

件容易事。所以，有些内容分布可能还有不尽合理之处。

此书看似"照物绘图"，实则是一次创造性的劳动。因为在此之前，虽然在国内外有一两种用线或照片反映蒙古民族传统文化的图书，但仍属零打碎敲，尚未见到比较系统的出版物。而这次是系统的收集整理和绘制蒙古族文物，并且每一个类别要有一篇完整的论述文章，以"图典"形式出版，这在世界上

可能还是第一次。因此，遇到很多困难，最主要的是选择进入图典的文物，是否为"典"，各式各样的"典"。同一功能的器物，在不同的部落，其造型、材料可能有很大不同，均要选入。而有的器物，是某一地区代表性器物，特点突出，应当入选，但却找不到实物，或找起来相当费周折，给此书的编写工作带来相当大的困难。有的则只能成为缺憾。如果说此书有何不足，

我认为主要是有些器物如我国新疆地区的、蒙古国和俄罗斯的一些有地方特点的应纳入蒙古民族文物范畴的工具因种种原因未能收入。虽然从蒙古民族整体上说，进入图典的文物比较系统和完整，但空间分布上看应是一个遗憾。只能待今后进行修订时再补充完善。

此书在编创过程中，得到诸多领导和朋友们的支持。内蒙古自治区党委常委、宣传部长乌兰，在任内蒙古自治区副主席时，对此研究出版项目予以充分肯定和支持，并为此书作序。内蒙古自治区副主席罗啸天也积极支持了这套书的出版。内蒙古自治区文化厅厅长高延青也对项目的确立给予帮助。内蒙古博物馆的孔群、张彤、贾一凡三位同志在组织稿件和图片方面作了许多具体细致的工作。内蒙古画报社的额博先生也热情地为本书提供了照片。特别是内蒙古农业大学的硕士研究生陈丽琴，组织她的同学为本书绘制墨线图。全套书一千余幅墨线图，基本都是她亲手安排完成的。当2007年夏天她已毕业回到鄂尔多斯工作后，得知《蒙古民族鞍马文化》还有部分线图工作需要她，她又毅然请假，按照需要完成了工作。国家文物局单霁翔局长、张柏副局长、叶春同志都很关心这套书的编辑出版工作。这种为保护民族文化遗产的贡献精神很让我感动。

文物出版社张全国书记、苏士澍社长、张自成副社长和第四图书编辑部全体编辑为此书出版作了诸多努力，还有许多朋友帮助和支持了此书的出版，在这里一并表示由衷的谢意。

2007 年 10 月 8 日